核与辐射安全科普系列丛书之四

核燃料循环

环境保护部核与辐射安全中心　编著

中国原子能出版社

图书在版编目（CIP）数据

核燃料循环 / 环境保护部核与辐射安全中心编著 .
— 北京 : 中国原子能出版社 , 2015.12
（核与辐射安全科普系列丛书）
ISBN 978-7-5022-7041-4

Ⅰ . ①核… Ⅱ . ①环… Ⅲ . ①核燃料 – 燃料循环 – 普及读物 Ⅳ . ① TL249-49

中国版本图书馆 CIP 数据核字 (2015) 第 315517 号

核燃料循环（核与辐射安全科普系列丛书）

出版发行	中国原子能出版社（北京市海淀区阜成路 43 号 100048）
策划编辑	付 凯
责任编辑	王 朋
装帧设计	井晓明 赵 杰
责任校对	冯莲凤
责任印刷	潘玉玲
印 刷	北京新华印刷有限公司
经 销	全国新华书店
开 本	710 mm ×1000 mm 1/16
印 张	8.875
字 数	194 千字
版 次	2015 年 12 月第 1 版 2015 年 12 月第 1 次印刷
书 号	ISBN 978-7-5022-7041-4 定 价 36.00 元

订购电话：010-68452845

《核与辐射安全科普系列丛书》编委会

《核燃料循环》编写人员

主　编

张红见

编写人员

张红见　吴晓燕　周晓蕊　晋宏博　刘瑞桓　杨海峰

总序

日本福岛核事故后，核电的安全性再一次在全球范围内引起广泛关注，但大多数公众对核能的认知还是停留在事故和灾难的阴影中。核电的社会接受度问题成为核能发展的重要瓶颈。就我国而言，还存在着公众对核与辐射知识匮乏，科普工作较为滞后，公众参与程度较低，信息公开透明程度不够，有效的信息反馈机制缺失等问题。因此，创新和完善核与辐射安全科普宣传体系和手段，提升核与辐射安全科普宣传实效，是提升国民科学素养，营造核电良好外部发展环境，提高公众对核电发展的接受度的有效途径，对促进核电事业安全高效发展具有重要意义。

为普及核与辐射安全知识，增强科普培训的针对性和有效性，国家核安全局核设施安全监管司委托环境保护部核与辐射安全中心制作针对不同对象的包括多媒体演示课件和配套文字资料的科普培训系列材料。经项目组多次讨论研究，目前该系列材料分为核能、核电、核燃料循环辐射环境影响和管理、核燃料循环、辐射防护、核技术利用、电磁辐射、核与辐射安全监管和核与辐射应急九篇，后续将根据需求进行续编。

本培训材料编写的目的，首先是让普通公众喜爱看，然后是看得懂，最后达到信任的目的，这是编写过程中一以贯之的理念。为保证科学性（写准），实用性（针对性），趣味性（喜闻乐见），编写过程中力求通过“三化”，即“专业化、通俗化、图示化”来实现上述“三性”。此外还要注意处理好专业与通俗，全面与片面，严肃与活泼，风险与利益，编写人的认知与公众的认知的平衡；同时结合时事热点，收集网络上错误的观点，通过反面问题来说明；尝试在编写中体现艺术感，具有一定的审美意识，表达核安全文化的人文关怀，这是更高一层的要求。

核能发展，科普先行，只有让更多的人走近核能、了解核能、信任核能——这一高效、清洁的非碳能源，核能才能实现高效安全的健康发展。

由于时间仓促，加之编写组实践经验和认识水平有限，难免有错误或不当之处，衷心盼望有关专家和广大读者不吝赐教，提出宝贵意见，以便改正。

《核与辐射安全科普系列丛书》编委会

2015年12月10日

序　一

随着文明的发展，人类在环境和能源问题上面临重大挑战，寻求清洁、高效、可靠的新能源势在必行。2015年联合国发展峰会上，中国发出了“探讨构建全球能源互联网，推动以清洁和绿色方式满足全球电力需求”的倡议，阐明了中国发展清洁能源的立场。为应对能源形势的新挑战，我国“十三五”规划中将能源结构调整作为下一阶段发展的主要着力点。积极推进能源供给侧改革，必须倚重清洁能源技术。核电作为清洁能源中一种成熟的基础能源，在改革进程中必将发挥重要作用。

积极推进核电建设不仅是我国重要的能源战略，也是国家“一带一路”和“走出去”战略的客观需求。近年来，我国风电、水电、太阳能等清洁能源和可再生能源获得突飞猛进的发展，但核电装机总量却仍处于低位。目前我国在运核电装机容量仅占电力总装机容量的2%左右，而一些发达国家则远高于此。如核电占比世界第一的法国，其核电装机容量占比高达77.7%，韩国为34.6%，俄罗斯为18%，美国将近20%。即便顺利实现规划目标——到2020年，我国在运在建核电总装机容量达到8 800万千瓦，其在我国能源总规模中占比仍然不大。为此，必须积极推进核电的安全高效发展。

我国运行核电机组安全业绩良好，迄今未发生国际核事件分级（INES）2级及其以上的运行事件，运行指标普遍处于世界核电运营者协会（WANO）中值以上，核设施周边环境辐射水平处于正常范围，核电厂的核辐射安全都处于受控状态。即便如此，仍然有许多公众对核与辐射安全不够了解，甚至存有误解。自日本福岛事故以来，人们似乎谈“核”色变，一方面斥责火电高能耗、高污染，一方面对核电的安全性存在顾虑。与此同时，国家对维护公众在重大项目中的知情权、参与权和监督权也愈加重视，公众意见已成为核能及相关项目能否落地的决定性因素之一。多方因素表明，核与辐射安全相关的科普宣传及与公众的沟通亟待加强。

《核与辐射安全科普系列丛书》首次从监管的视角，立足于核与辐射安全，从多个角度较为系统、全面地介绍了核能利用及其监管、核与辐射安全相关知识。系列丛书分为核能、核电、核燃料循环辐射环境影响和管理、核燃料循环、辐射防护、核技术利用、电磁辐射、核与辐射安全监管以及核与辐射应急等九个部分，丛书坚持以科学性为本，兼顾趣味性和通俗性，图文并茂，深入浅出。语言、示例贴近生活，形象又不失准确；数据、结论来源权威，审慎且不失活泼。为大家了解核能、核技术及核与辐射安全提供了一套较为容易“读懂”的读物。

写一套好的科普读物并非易事，好的科普书在于唤起公众的兴趣、提升人文情怀和传播正能量，相信这套丛书将把核电的安全和环保介绍给公众，更促进我国核电的安全高效发展。同时希望读者多提宝贵意见和建议，以便及时修订完善。最后，衷心感谢编者们为我国核能利用发展、公众沟通和环境保护所做的努力和贡献。

序　二

正处在工业化、城镇化发展阶段的中国，在追求经济发展同时也肩负生态文明建设的艰巨任务，可靠、稳定、安全、清洁、低碳的电力供应是国家经济发展和生活稳定的必要条件。面对环境治理和气候变化的挑战，安全、高效地发展核电是中国走向能源清洁化、低碳化的重要选择。核能利用，是一种大规模产生能源的方式，神奇但是并不神秘，如果管理得当，它将为我们带来巨大的社会效益。然而，就在我国意在大力发展核电的同时，却遭遇到了重重阻力。2016年4月1日，习近平在第四届华盛顿核安全峰会上的讲话中说，“学术界和公众树立核安全意识同样重要。我们还要做好核安全知识普及，增进公众对核安全的理解和重视。”国家核安全局局长李干杰曾指出，目前核电发展面临的最大的问题、最大的约束和瓶颈，不是技术问题，而是公众沟通、公众可接受度的问题。

公众对核与辐射安全的接受度与其对核与辐射安全的认知、态度、行为有着极其重要的关系。改变及提升公众的认知、态度、行为，必须开展行之有效的公众沟通工作，而科普宣传则是公众沟通工作中重要的一环。核与辐射事件和事故作为当前重要的突发环境事件，如果处置不当，就可能引发远超事故本身影响范围的社会公共事件，科普宣传开展的好坏直接影响涉及或参与事件人的反应，成为影响事件应对好坏的关键所在。比如2009年河南杞县的卡源事件最终演变为大规模的公众恐慌事件，究其主要原因是公众对放射源知识的缺乏。我国虽然很早就开展了核能和核技术开发利用工作，但长期以来对核与辐射安全文化的宣传和培育不足，大多数人的核与辐射知识十分匮乏，加上一些不恰当的宣传和误导，给核科学技术蒙上了一层神秘的面纱，公众对于核与辐射极度敏感，谈核色变。

《核与辐射安全科普系列丛书》从核能、核电、核燃料循环辐射环境影响和管理、核燃料循环、辐射防护、核技术利用、电磁辐射、核与辐射安全监管以及核与辐射应急九个方面，用尽可能通俗易懂的语言全面、系统地将核能与核技术利用的方方面面进行了讲解。

当然，由于在专业性和通俗性的统一上，存在一定的难度，该系列丛书难免会有一些瑕疵和不足，但是编者们在核与辐射安全知识科普工作中表现出的社会责任感和探索精神值得尊崇。且这类科普读物正是目前我国核电发展和社会公众所急需的，希望大家通过阅读这套丛书，既能认识到核能和核技术造福人类的巨大价值，同时也能正确理解核与辐射对环境和人类的影响及其潜在危害性，增强理性应对涉核事件事故的能力，促进核能与核技术更好地造福于人类。

潘自强

前　言

2013年于江门而言是不平凡的一年，鹤山拟建核燃料加工厂项目引起了民间的强烈反对，爆发了大规模反核游行，最终导致一个投资370亿元的超级工程迅速夭折。为什么民众“谈核色变”？专家分析造成此事件的原因很多，其中最重要的原因是民众不了解，导致恐慌、排斥。本章节以核燃料循环为引线，浅显通俗地介绍核燃料循环各环节的工艺流程；客观真实地陈述各环节存在的辐射风险；客观公正地讲解有效的监管措施、适当的防护措施，以及科学的保护措施。本书的最后，分别介绍了贯穿于核燃料循环始末的放射性废物处理处置和放射性物品运输的辐射危害以及相关的防护、保护措施。

本书为了达到科普宣传的效果，使用了大量的新闻照片、示意图、流程图、趣味图等，使阅读者清晰地了解核燃料循环的过程及存在的辐射危害，掌握安全防护措施。

本书由张红见主编，吴晓燕、周晓蕊、晋宏博、刘瑞桓、杨海峰参与编写。其中第一章由刘瑞桓执笔；第二章由周晓蕊执笔；第三章由晋宏博执笔；第四章由吴晓燕执笔；第五章由杨海峰执笔；第六章、第七章由张红见执笔。

目　录

第一章 核燃料循环概述

第一节　核燃料循环基本概念

电风扇、电饭煲、电磁炉、电吹风、电视机、电热毯、电脑、电话、电动车等这些与日常生活紧密相连的电器动力均为电能，可见在我们日常生活中电无处不在，必不可少。那么电是怎么产生的？

当今，人们常用化石燃料火力发电，但随着资源紧缺，环境问题日益严峻，探索清洁能源并利用清洁能源发电已成为一种趋势。在寻找清洁能源过程中发现核能发电效率高、废物产生少，属于清洁能源的一种。核能发电是以反应堆来代替火力发电的锅炉，以核裂变能代替化石燃料的化学能。核燃料在核反应堆中发生特殊形式的“燃烧”产生热量，来加热水使之变成蒸汽。一回路的冷却剂通过堆芯加热，在蒸汽发生器中将热量传给二回路（或三回路）的水，然后形成蒸汽推动汽轮发电机(图1-1、1-2所示说明—常规电厂和核电厂对比)，一般说来，核电厂的汽轮发电机及电器设备与普通火电厂大同小异。

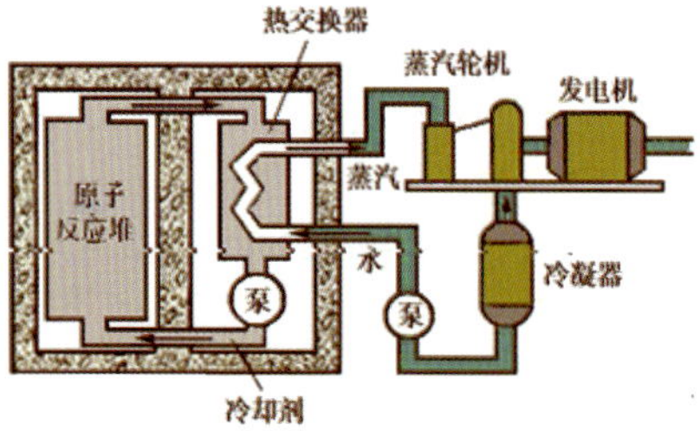

图1-1　核电厂原理示意图

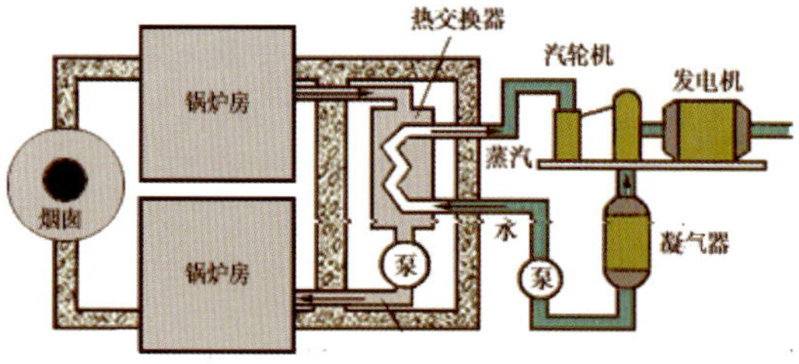

图1-2　火电厂原理示意图

众所周知，火电厂使用的化石燃料如煤炭是从自然界中直接开采，而核电厂使用的核燃料无法从自然界中取得，是从铀矿石中开采出，再通过离子交换、沉淀、纯化、氧化还原等复杂的工艺制作而成。上述核燃料的产生，中段核燃料的使用以及后段核燃料使用后的处理，整个过程通常称之为核燃料循环。

核燃料循环，如图1-3所示，包括核燃料进入反应堆前的制备、在反应堆中燃烧及燃烧后进行处理的整个过程。后处理过程包括从燃烧过的乏燃料中或辐照过的增值材料中提取未烧尽的和新生成的核燃料再返回堆中使用及放射性废物处理、处置过程。

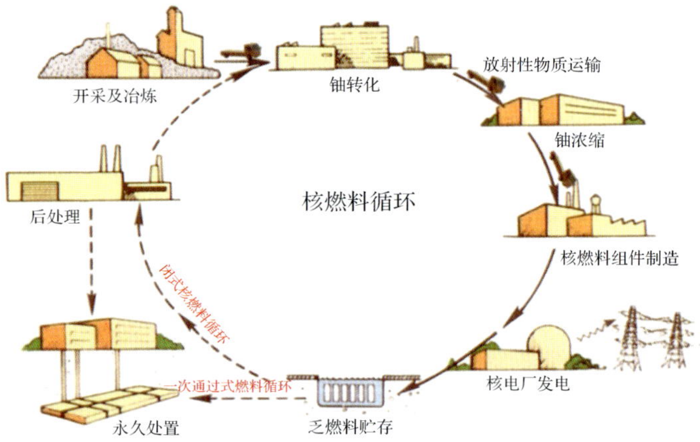

图1-3　核燃料循环示意图

目前，核燃料循环方式有两种：一次通过式核燃料循环，乏燃料不进行后处理而被直接永久处置的核燃料循环；闭式核燃料循环，乏燃料经过后处理回收铀、钚并加以重复使用的核燃料循环。闭式核燃料循环的核心环节是乏燃料后处理。

我国坚持采用闭式核燃料循环的核电发展规划，对乏燃料采用后处理的方式，从乏燃料中提取铀、钚继续用于核燃料的制造；同时也提取锶、铯、锝等有用的裂变核素，以及镎、镅、锔等超铀核素。因此，建立符合市场经济体制要求的民用铀资源管理体制，既要加大国内铀资源的勘查，又要积极开发和利用国外铀资源，同时逐步建立和完善后处理能力，确保我国核电中长期发展中天然铀供应的战略安全。

第二节 核燃料循环需关注的安全问题

一、公众反对新建核燃料循环设施的活动

2013年于江门而言是不平凡的一年，鹤山拟建核燃料加工厂的消息让民众“谈核色变”，爆发了大规模反核游行：大量民众聚集街头，手举“反对核污染，还我绿色家园”等标语横幅，抗议政府在鹤山建核原料项目。

中核集团拟在江门鹤山建中国东南沿海第一座核燃料加工厂，《中核集团龙湾工业园项目社会稳定风险评估公示》(以下简称“稳评”)发布后，引起了民间的强列反对，网上的“核担心”逐渐升级为“核危机”，反对声不仅仅是江门民众，更有来自于珠三角及港澳公众的声音，网络上更是一边倒的骂声，从公示时间短到核燃料项目安全的怀

疑，民众的不信任来自于方方面面。

官方的反应也可谓迅速，如图1-4所示，第一时间内向十多家媒体对项目情况进行了说明，称核燃料厂绝对安全、无污染，公众不应“谈核色变”；通过微博解答公众疑问，发布核电安全知识；针对网民关注的项目安全、环保等问题，下发做好普及核燃料科普知识的通知，要求进一步学习普及宣传核燃料科普知识，并邀请多位知名专家向全市各阶层科普核能源与安全知识。然而官方的沟通与舆论并未奏效，7月13日，鹤山市市长伍宇雄宣布核燃料项目不予申请立项。短短10天时间，因为民间对“核”的恐慌，在稳评的环节上最终导致项目下马，一个投资370亿元的超级工程在汹涌的民意下迅速夭折。

江门日報
JIANGMEN DAILY
4008 4567 88
江门市政府：
核燃料项目延长公示期
更深入广泛听取意见
了解广东经济发展大势
未达成广泛共识前
绝不立项 绝不开工
擅自组织和参与
集会游行属违法行为
《侨乡五邑人》
昨日开拍

图1-4　江门日报关于事件的报道

分析整个事件发现：在此项目上官方对核燃料科普知识覆盖不全面，重点只放在鹤山市，对周边城市确实有所忽略，对网络影响也缺乏充分考虑。同时，公众对核与辐射安全相关知识不甚了解，才会在核燃料加工厂存在“一边倒”的否定态度，对涉及核问题上存在极度恐慌和偏执态度。本文旨在真实描述核燃料循环的工艺流程，客观陈述存在的风险及有效防范措施，让公众正确认识核燃料及核燃料循环的过程，进而对核燃料循环安全树立信心。

二、核燃料循环设施安全吗

在江门事件中，第一个关注焦点为“核燃料加工生产基地是否存在辐射风险？”

环保部国家核安全局核与辐射安全专家委员会委员张健对此问题作出了解释：核燃料加工生产基地的任务是将天然的燃料经过各种工艺过程制成燃料元件，供核电厂使用，只是煤制成蜂窝煤的过程，不涉及核反应，因为天然燃料本身的放射性就很低，加工过程又没有核裂变环节，没有核裂变产物，因此也不存在高辐射风险，“制成的元件我们在厂里都可以用手拿的”。核燃料加工基地只是负责生产燃料，是个非常简单的机械化过程。另据介绍，核燃料加工生产基地排入环境中的放射性物质，辐射剂量为0.01 mSv(毫希沃特，辐射单位)，是世界上每人每年从天然放射性接受的辐射量的0.24%，基本可以忽略不计。

在此基础上，本文随着核燃料循环的路线对核燃料生产、运输、使用以及使用后的各个环节上存在什么样的辐射风险，辐射风险有多大，监管部门及核电厂采取的各种防护措施以及公众自己能够采取什么样的防护措施保护自己等问题作出解释和说明，便于公众了解核燃料和核安全相关知识，能够理智、积极地参与到我国核电事业的建设中。

第二章 铀资源和矿冶

第一节 铀资源的需求和保障

核电厂发电采用的核燃料，是从铀矿石中提取出来，并经过复杂的化学、物理等过程加工制造。

铀主要集中在地球的地壳中（如图2-1所示），从地表至地核逐步减少。在地壳中每吨岩石约含有2.5 g铀，比金、银、钨等金属的含量都要高。铀在各种岩石中的含量也不一致，以富含SiO_2、K_2O成分的花岗岩中铀含量最为明显，每吨约含有3.5 g铀。铀不仅分布在岩石中，在海水、河湖水中也比较多，每吨海水中约含3.3 mg铀，因此浓度较低，提取困难且成本较高，目前尚未加以利用。

图2-1 各种岩石中的铀

铀作为核燃料的重要原料，在世界各地的地壳中分布极不平衡，根据相关的数据统计，全球已探明铀的储量为470万t，（如图2-2所示）主要产铀国包括澳大利亚、加拿大及哈萨克斯坦等，其中澳大利亚和加拿大控制了国际市场50%的铀资源供应，尼日尔、俄罗斯、哈萨克斯坦、纳米比亚和乌兹别克斯坦等5国共拥有40%的市场份额。20世纪70年代，世界范围内反应堆数量迅速增加，在核燃料循环前段无论在世界上，还是在我国都有一个突出问题就是铀资源的供应问题。

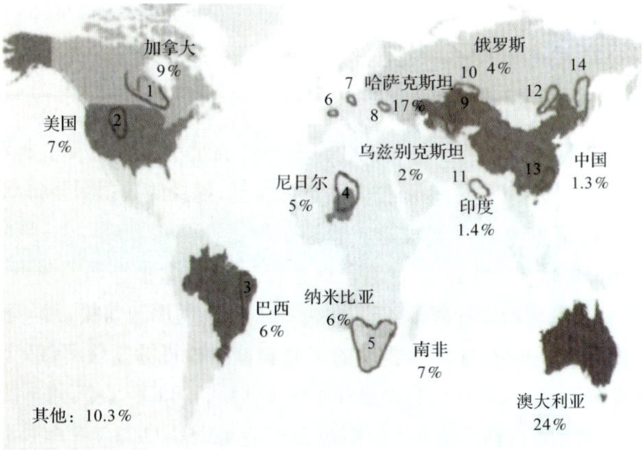

图2-2 铀矿在各地壳中的含量

新建核电厂的全寿期按60年计算，则一座100万kW压水堆核电机组，初装料需天然铀当量400 t，每年换料175 t，在寿期内总计需要天然铀为1.073万t。可以推算：我国目前每年的天然铀需求量为1 592.5 t（初装料忽略不计，按910万kW计算）。根据我国核能中长期发展计划，我国到2020年的核电装机容量将为4 000万kW，那么，2020年我国平均每年需新建装机容量257.5万kW，假设其他条件不变，我国2020年当年的天然铀的需求量为8 042.875 t。根据2013年公开发表数据显示，我国是铀资源较丰富的国家之一，从资源拥有量角度来说基本上可以满足我国核能发展的需求。

那么采取什么措施才能保障我国核电发展对铀资源的需求？

（1）通过国际合作，进行海外铀资源开发以补充供应国内市场需求也是重要的一个方面，可以形成充分利用国际、国内“两种资源、两个市场”的良好格局。

（2）科学制定铀资源勘查开发规划，加大国内铀资源的勘查力度。为满足我国核电和国防建设的持续发展，需加大我国铀矿勘查的投入。铀矿床从发现到探明后交给矿山开采的周期也较长，一般需要10到15年。因此，铀矿勘查急需从现在起就加大投入，尽快摸清国家铀资源存量。这是一项关乎国家战略发展的重大找矿工程，已刻不容缓，迫在眉睫。

（3）积极开发和利用国外铀资源。根据我国核电中长期发展规划的需要，以及我国现有铀资源储量和开采能力，完全依靠我国现已探明的铀矿储量情况，近期内天然铀的供应能够得到保证，但与中长期的需求量之间还存在差距。因此，为保证我国核电中长期发展规划的实现，在可以较经济、安全可靠地获取国外铀资源的有利时期，尽可能使用一部分国外开发的铀或进口铀。

（4）提高天然铀利用率

适度降低天然铀分离铀同位素尾料丰度，可节省天然铀。

（5）充分利用混合氧化物燃料。

在热中子堆中一次循环使用铀、钚制成的混合氧化物（MOX）燃料，可节省大量新的天然铀。从乏燃料中回收的铀和提取的工业钚可以供热中子或快中子反应堆使用。现在后处理技术和MOX燃料元件制造入堆使用技术在国际上已成熟，且已有50多个热堆使用，回收铀和工业钚可以达95%以上。如果从乏燃料中回收的铀和工业钚全部再入热堆使用一次，相当于节省制造新燃料所需的天然铀33.4%。

（6）提高铀资源综合利用水平

要使核电具有长期发展和应用的能力，必须努力提高整个铀资源的综合利用效果。众所周知，铀-235在整个铀资源中占有约0.3%的份额，而铀-238在整个铀资源中占有大于99%的份额，而发展快堆技术可以提高对铀-238的利用率。发展快堆核电厂，天然铀利用率可比现有核电技术提高50～60倍，可实现核能的可持续发展。发展快堆及先进燃料闭合循环技术，也可使核燃料增殖，把占天然铀资源中99.3%的铀-238利用起来，在循环中不断地使铀-238产生钚-239，钚-239裂变再使铀-238形成新的钚，把天然铀资源利用率由不到1%提高到50%～60%。同时，引入快堆后，大大减少了热堆核电厂，也就大大减少了对天然铀的需求，把天然铀年需要量限制在一个有限的范围内，天然铀需求量将不再大幅度增加，达到一定量后还会下降。

利用天然铀的前期步骤如下：

1. 铀矿勘探

地壳中的铀虽然分布广泛，但是由于铀化学性质活泼，不存在天然的纯铀，和其他金属矿藏一样需要勘探、开采和冶炼等。目前世界上已发现的铀矿物和含铀矿物具有开采价值的只有25～30种，这些具有开采价值的铀矿物的堆积体就是铀矿床。铀元素虽然分布很广，但铀矿床的分布却很有限。

我国已发现的铀矿床主要以花岗岩存在形式。铀矿普查勘探工作的程序，包括区域地质调查、普查和详查、揭露评价、勘探等相互衔接的阶段。还要进行地形测量、地质填图、岩石矿物鉴定等工作。见图2-3。

图2-3 铀矿普查勘探程序

2. 区域地质调查

主要是查明所调查区域内的主要地质情况，指出铀矿成矿远景地区，为普查找矿提供地质依据，以解决好到什么地方找矿的问题。

3. 普查和详查

普查和详查是在区域地质调查基础上，采用 γ 测量、α 射气测量、放射性水化学测量和生物地球化学测量等物理、化学测量方法，对具有开采价值的铀矿实施定量和定性的确认。

揭露评价是进一步查明有无铀矿存在以及铀矿的分布规模，需要开挖、钻井或者小型地下坑道等，查明矿化的范围、矿床的成因类型、构造特征和矿体大致形态等。

勘探阶段是对铀矿床的全面工业评价的决定性阶段，是在揭露评价的基础上探明各级铀矿的储量，取得矿石品位和物质成分、矿石工艺试验性能、水文地质和矿石开采条件等技术资料，编写可供矿山设计的矿床储量报告。

4. 铀矿开采

铀矿开采是生产铀的第一步，是把工业品位的铀矿石从地下矿床中开采出来。铀矿的开采和其他有色金属开采基本相同，但是由于铀矿开采提取的铀具有不同于其他有色金属的放射性，因此开采时采取了一系列的辐射防护措施。目前世界各国通常采用铀矿开采有地下开采法和露天开采法两种方法。地下开采法以美国最早试验成功并迅速推广应用的地浸采矿法最为典型，是把化学溶剂通过钻孔直接注入地下矿体内，浸出矿石中的铀，再收集含铀浸出液，从其他钻孔中提升到地面回收处理。

5. 铀矿加工

铀矿加工，是天然铀冶炼的第一阶段，是将开采出来的具有工业品位、或者经过物理选矿的矿石加工浓集成含铀量较高的中间产物—铀化学浓缩物，由于其颜色较黄，俗称“黄饼”。如图2-4所示。

图2-4　利用天然铀的前期步骤

第二节　铀矿开采的核与辐射安全问题及对策

铀矿有放射性，能放出放射性的氡和氡子体。氡和氡子体是无色、无味、无臭的，通过人体皮肤、呼吸道和消化道等途径进入人体内，衰变产生α粒子在人体内长期照射损害身体。为保护工作人员和公众人员的身体健康和安全，我国根据实际需求和国际放射防护委员会推荐的剂量标准制定和颁布了一系列安全防护法律法规、标准，这些法规标准既适用于工作人员也适用于公众人员。因此，在铀矿开采时，要严格按照国家安全防护法律法规的要求，采用一系列的辐射防护措施，宣教辐射防护知识，使工作人员和公众人员尽可能少地受到放射性照射，从而保证他们的健康和安全。

那么作为铀矿的工作人员及周边的居民采取什么样的措施保护自

已呢？

对于矿区工作人员而言，铀矿开采时主要是内照射比较厉害，就是吸入和食入体内的粉尘会带有放射性，造成体内照射。因此，在铀矿开采时要按辐射防护要求，佩带工作手套、防尘口罩，身穿工作服，脚穿长筒胶鞋，脖子上系好围巾，禁止吸烟和进水、进食。下班后需更衣、淋浴，经辐射仪器全身检查合格后，方可更衣回家。

在周边的居住区，铀矿不会直接对居住区产生辐射危害，但也需采取相应的防护管理措施，使生活区免遭放射性污染。如严格禁止将矿区已遭放射性污染的物品带回居住区；生活运输车辆不得随意出入放射性污染区，如需要向工业广场运送生产物资，车辆完成运送任务后，须经严格清洗并经辐射监测合格后方能开回居住区。

第三章 从黄饼到核燃料组件

第一节　铀纯化转化

黄饼（铀化学浓缩物，主要是以U_3O_8的形式存在）仍含有大量杂质，不能直接使用。因而需要进一步提纯，已达到所要求的核浓度，并转化为易于氢氟化的铀氧化物。通常将黄饼提纯和铀氧化物制备的工艺阶段称为铀的精制。在铀的精制过程中，需要制备出多种铀化合物，在众多铀化合物中U_3O_8是铀在空气中最稳定的化合物，便于长期贮存。将U_3O_8转化为UF_6的过程称之为转化过程。见图3-1。

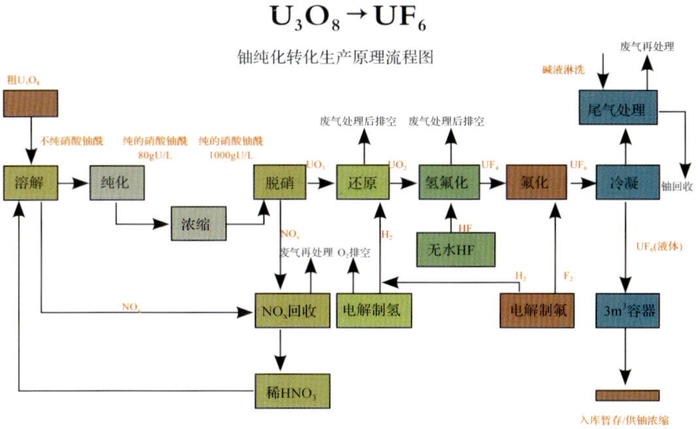

图3-1　铀纯化转化生产流程示意图

第二节　铀浓缩

核电厂反应堆核燃料中铀-235的含量为3%~5%，许多研究堆核燃料铀-235的含量达到10%，推动舰艇的高通量堆和原子弹、核武器则要求铀-235的含量达到90%以上。天然铀中铀-235的含量只有0.7%，需要通过铀浓缩来提高铀-235的含量。铀浓缩的过程实质是将铀同位素互相分离的过程，即通过物理的分离方法将铀-238的含量降低，铀-235的含量提高。

生产1 t富集度为3%的浓缩铀，大约需要5.5 t天然铀原料（黄饼）。目前只有三种具有工业应用价值的同位素分离方法：气体扩散法、离心机法和分离喷嘴法。

UF_6（^{235}U含量0.712%）→ UF_6（浓缩^{235}U）

第三节　核燃料组件制造

把铀浓缩工序产品UF_6经过化学工艺操作，生产出UO_2等燃料芯块，然后再把燃料芯块装入包壳组装成燃料棒（也称之为燃料元件）。见图3-2。压水堆的燃料组件就是由一定数量的燃料元件排列组成正方形的燃料棒束集成。

(a)　　(b)

图3-2　铀浓缩工艺操作

当然，反应堆型不同，最终加工制造的核燃料组件的结构和铀含量等有明显的变化。但是所有生产工序的基本流程相似。见图3-3。

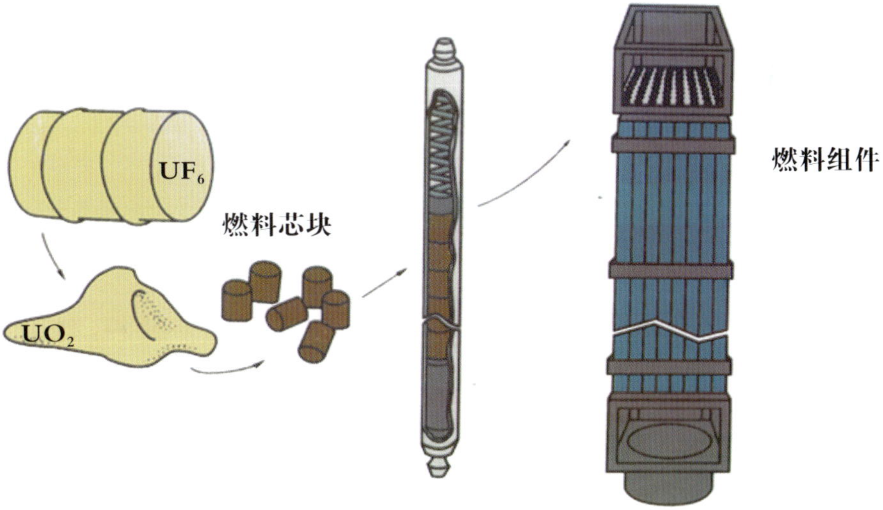

图3-3　燃料元件

第四节　核电厂利用

把燃料组件装入反应堆见图3-4，进行发电或者实现其他利用目的。核能的开发利用另行介绍，在此不展开。

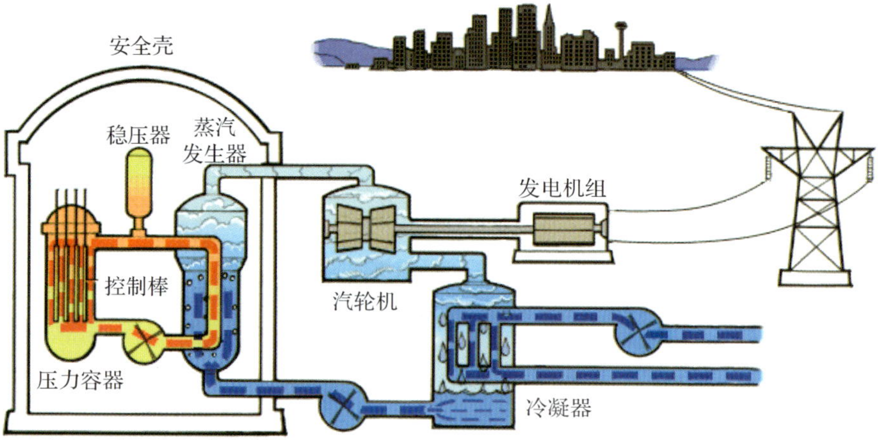

图3-4　核电厂利用

第四章 乏燃料后处理

第一节 乏燃料概述

从核燃料进入反应堆前的制备到反应堆中“燃烧”后进行处理的整个循环过程，可以分为三个阶段，即核燃料循环前段（堆前）、反应堆“燃烧”、核燃料循环后段（堆后）。

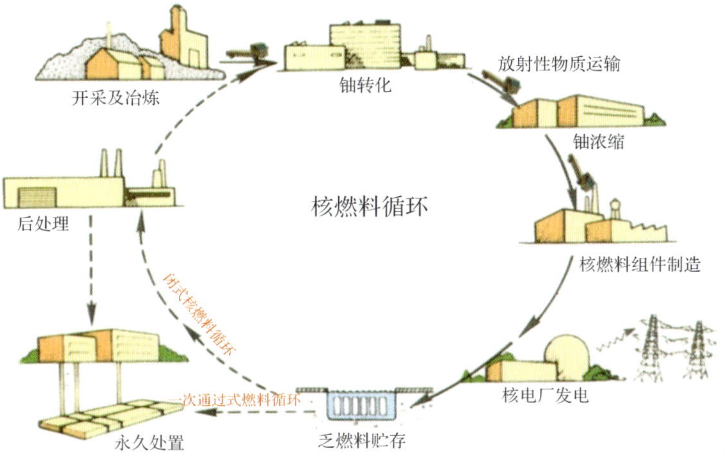

图4-1 核燃料循环

经过前段的铀开采及加工、铀转化、铀浓缩及燃料制造，核燃料制备完成，随后，核燃料被投放到反应堆中进行“燃烧”发电。由物理反应特性决定，待“燃烧”到一定程度后，核燃料必须被卸出并换上新燃料，反应堆继续运行。被卸出的这部分被辐照过的燃料即为乏燃料。通俗来讲，乏燃料即为“燃烧”过的燃料。

核燃料从反应堆卸出后的各种处理过程，称为核燃料循环后段，它包括乏燃料中间储存、乏燃料后处理、回收后核燃料的制备和再循环、放射性废物处理与最终处理等，如图4-2所示。

乏燃料中包含有大量的放射性元素，具有很强的放射性，必须妥善处理；此外，乏燃料的处理关系到核能资源的充分利用和可持续发展，还关系到国家核威慑力量的保持（后处理是获取核武器装料—钚的唯一途径）。基于此，乏燃料的后处理成为核燃料循环后段中最为重要的一个环节。

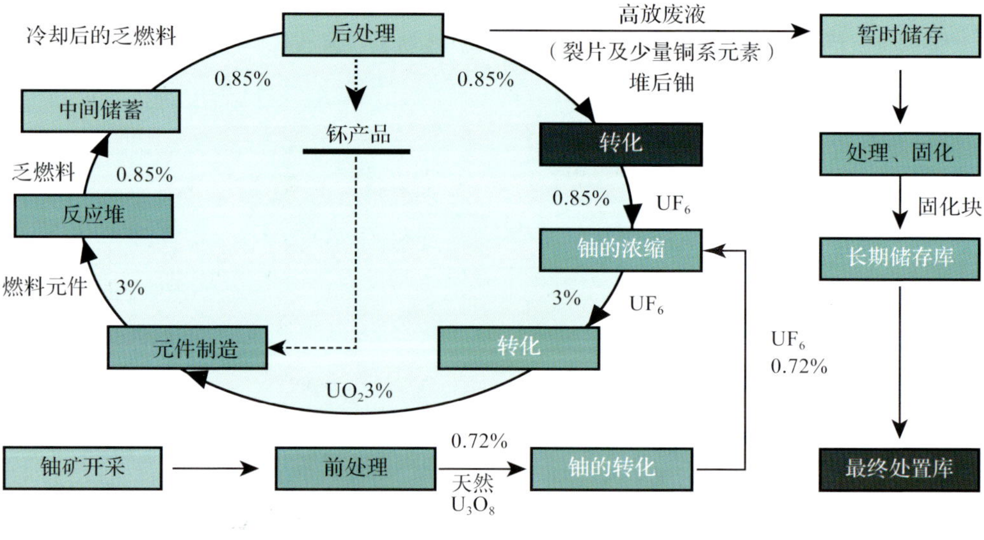

图4-2 压水堆核电厂核燃料循环图(%表示铀中铀-235含量百分数)

核燃料在反应堆内经中子轰击发生核反应，一定时间后必须从堆内卸出，换上新燃料。经过“燃烧”后的燃料铀含量降低，无法继续维持核反应，因此被称为乏燃料，从文义来讲，是取“疲乏”之义。乏燃料其实并不“疲乏”，其优缺点突出，常给人以爱恨交织之感。

（1）乏燃料含有大量的放射性元素，具有很强的放射性，而且，随着核电的发展，乏燃料的数量也呈逐渐上升趋势，如何处理、处置乏燃料是人类利用核能必须要面对的问题之一。Ux咨询公司曾在其《核工业价值链》这一报告中指出，无论现在还是未来，核能领域最关键的挑战之一就是核燃料循环产生的放射性废物的管理，特别是乏燃料的管理。

（2）乏燃料含有大量有用核素，经闭式循环处理后，可实现资源的循环利用。乏燃料含有大量未用完的可增殖材料^{238}U或^{232}Th，未烧完的和新生成的易裂变材料^{239}Pu、^{235}U或^{233}U以及核燃料在辐照过程中产生的镎、镅、锔等超铀元素，另外还有裂变元素^{90}Sr、^{137}Cs、^{99}Tc等。经适当工艺处理后，可制成铀钚混合物燃料，主要在热堆中使用，也在快堆使用。

（3）乏燃料后处理可获取核武器装料—钚，基于此，后处理是有核国家保持有限核威慑力量必须重视的技术，同时，为防止核扩散，对尚未拥有核武器的国家需要禁止这些国家使用钚制造核武器。

国际上对于乏燃料的处理有两种思路见图4-3，第一种思路为“开放式”循环，即将乏燃料作为废料直接处置，不再循环利用；第二种思路为“闭式”循环，即将乏燃料进行后处理提取剩余裂变材料并回收利用，而后对分离出的废料进行封装和处置。上图为“闭式”循环。核燃料闭式循环可以充分利用核能资源，并实现核废物的最小化，符合核能可持续发展战略的要求，全世界主要的核电国家均走核燃料闭式循环之路。

(a) (b)

图4-3 核燃料循环闭式循环之路

美国多年来基于核不扩散的政治考虑，曾一直支持开放式循环（一次通过）循环方式，但在2006年，从其自身的能源安全和核能发展战略需要出发，美国提出了“全球核能合作伙伴”倡议，正式宣布采用闭式燃料循环方式。

第二节 乏燃料贮存与运输

从反应堆移出的乏燃料放射性强，见图4-4还释放大量的衰变热，通常会进行临时储存，待放射性和余热降到一定程度后进行后续的操作与处理。乏燃料的贮存需要同时考虑使其冷却和对其放射性进行屏蔽两个方面的内容。在实践中有湿式贮存和干式贮存两种方式。

湿式贮存就是采用水池贮存，如图4-4核电厂通常在厂房内建造乏燃料水池，将乏燃料放置在水下的贮存格架中，池中一般装有一定浓度的含硼水以冷却乏燃料并防止其发生链式反应。湿法贮存发展较早，技术相对成熟，具有冷却能力高、密集贮存、易于操作等特点。储存水池包括两种：一是在构筑物内建造内衬不锈钢的混凝土结构贮存水池；二是利用地下岩洞建造的贮存水池。

图4-4　水池贮存

干式贮存是通过干式贮存容器或设施来贮存乏燃料，见图4-5外部通过密封容器提供放射性屏蔽，内部通过空气、CO_2或惰性气体等冷却乏燃料。干式贮存具有很大的灵活性、扩展性和多样性。干式贮存设施主要包括混凝土容器和金属容器等。

图4-5　干式贮存

由于核电厂乏燃料的湿式和干式贮存能力有限，核电厂的乏燃料贮存只是暂时的 ，这些乏燃料必须被运输到后处理厂或其他特定地点进行后处理，乏燃料的运输成为乏燃料管理中不可缺少的环节。

在运输环节，安全是首要考虑的因素，围绕安全运输这个中心，国家对运输有严格要求：遵守国际原子能机构发布的《放射性物质安全运输规程》及本国相关要求；执行运输审批制度；运输采用特殊容器和专用运输工具；操作人员需经技术培训等，通过以上措施的执行，保证运输安全。

在符合规程要求的条件下，乏燃料可以通过公路、铁路及海上运输。

第三节　乏燃料后处理

从理论层面来讲，乏燃料后处理的最终目的表现为两点 ，一是充分利用核能资源；二是实现核废物的最小化。在技术层面，乏燃料后处理的主要目的，表现为回收、提取和去除三方面，其中回收和提取可实现资源的循环利用，去除可实现核废物的最小化。见图4-6。

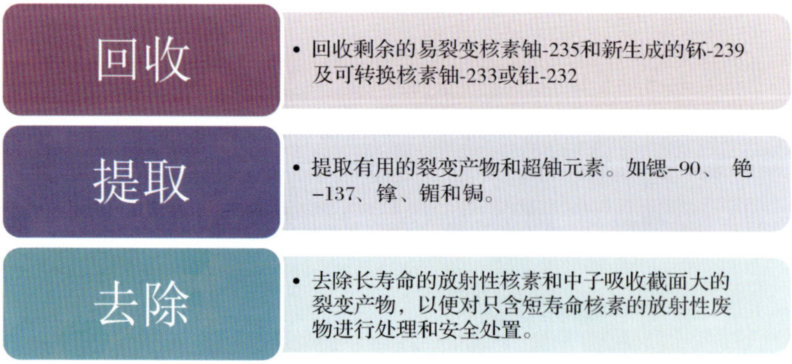

图4－6　乏燃料处理

乏燃料后处理的工艺基于是否在水介质中进行而分为水法和干法两大类。

水法，是把乏燃料溶解于酸中，再用沉淀、溶剂萃取、离子交换或吸附等方法使铀、钚与裂变产物互相分离，因各道工序均在水溶液中操作，故称为水法。

干法，即高温冶金法或氟化挥发法等在无水状态下进行的化学分离方法。

水法已在工业上得到广泛应用，而干法正成为国际上研究开发的热点。

乏燃料后处理技术，是高放射性条件下的高技术，世界上核电厂的核燃料处理与保存本身就是一个十分困难的事情，有了这一技术，其意义是不仅能充分利用核燃料的功能，提高核燃料利用能力，为人类造福，更重要的是减小了体积，降低了放射性，为保存核废物创造了条件，对环境也是一大贡献。

乏燃料后处理完成后，其产生的放射性废物将通过深地质处置实现最终处置。

2010年12月21日，中国第一座动力堆乏燃料后处理中间试验工厂——中核四〇四中试工程热调试取得成功。热调试的成功，实现了核燃料闭式循环的目标，有力地推动了核燃料产业及核电的快速发展，为中国先进后处理工程技术的开发提供了重要的研究实验平台，标志着中国已掌握了动力堆乏燃料后处理技术。

第四节　乏燃料后处理的核与辐射安全问题及对策

从反应堆移出的乏燃料放射性强，还释放大量的衰变热，如果不能妥善地贮存则可能会给人员及环境造成辐射危害。在核工业实践中发展来的湿式贮存和干式贮存方式，在技术设计上充分考虑了乏燃料放射性强及释放衰变热的特征，通过屏蔽及热交换等技术手段，实现了乏燃料的安全贮存，保障了人员及环境的安全见图4-7。国际原子能机构经过调查得出结论，认为乏燃料贮存30年经验表明，乏燃料贮存技术不存在重大问题。

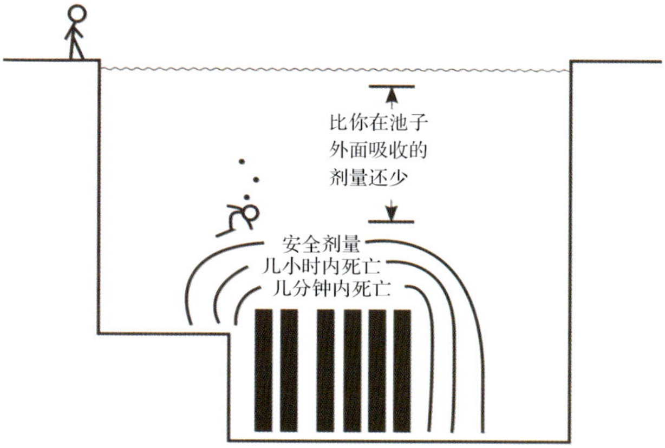

图4-7　后处理安全问题

乏燃料运输存在着包括放射性泄漏等事故风险。针对乏燃料运输的风险特性，结合30多年来的运输实践，国内外采取发布安全规程、执行审批制度；明确对容器、运输工具及操作人员的要求等措施，保证运输安全。自1969年以来，已有十几个国家进行了几万次的乏燃料运输，到目前为止，没有发生过包括放射性泄漏在内的严重事故。30多年的运输实践证明，乏燃料不论是在海上还是在铁路、公路上运输都是安全的。

乏燃料后处理是一种放射化工过程，待处理乏燃料有强的放射性，处理过程中也存在着发生临界事故的危险。为应对强放射性，后处理过程必须要在有混凝土防护的密封室内进行，并实行远距离操作控制，以保护操作人员和防止环境污染。为防止发生临界事故，在实践中采用了充分的安全措施，包括限制易裂变物质的质量、浓度，限制工艺设备系统的尺寸和使用能大量吸收中子的中子毒物等。此外，为保护环境，要求后处理厂对生产的废气、废液和固体废物进行处理，并规定了排放限值。成熟的技术和安全管理很好地预防或解决了乏燃料后处理中的风险，保护了操作人员、公众及环境。

第五章

核设施退役

第一节　核设施退役策略

一、什么设施可以称之为核设施呢

《中华人民共和国放射性污染防治法》第八章第六十二条（二）给出核设施的定义：“核设施，是指核动力厂（核电厂、核热电厂、核供汽供热厂等）和其他反应堆（研究堆、实验堆、临界装置等）；核燃料生产、加工、贮存和后处理设施；放射性废物的处理和处置设施等”。

我国的《电离辐射防护与辐射源安全基本标准》（GB 18871—2002）也给出了核设施（nuclear installation）的定义：“以需要考虑安全问题的规模生产、加工或操作放射性物质或易裂变材料的设施（包括其场地、建（构）筑物和设备），如铀富集设施，铀、钚加工与燃料制造设施，核反应堆（包括临界和次临界装置），核动力厂，核燃料后处理厂等核燃料循环设施”。

目前，核设施的概念中包括了核燃料生产、电力生产、试验堆、三废处理处置设施等。从核燃料循环角度考虑，核设施具体的对象包括铀矿采冶、水冶、核燃料加工和浓缩、燃料制造、反应堆运行、核燃料后处理，以及放射性废物处理处置设施等。这些核设施的大致的总工艺流程图如图5-1所示。

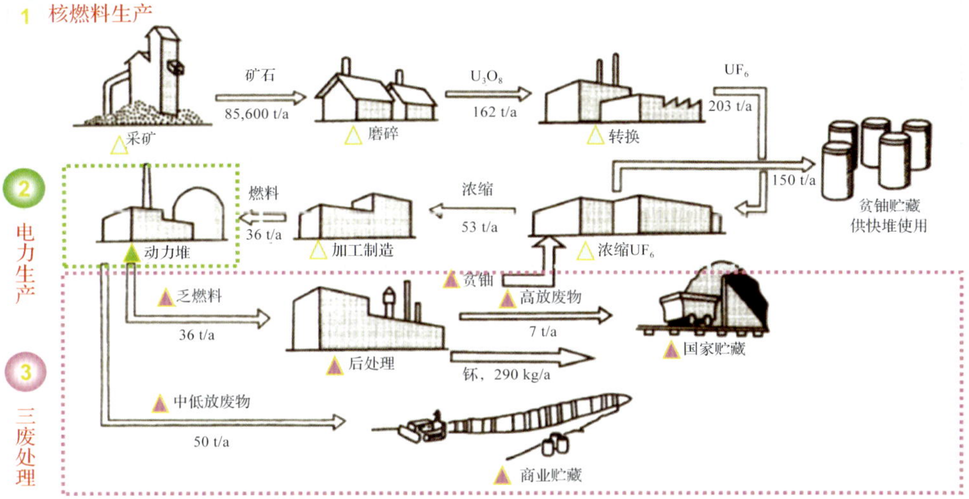

图5-1 核设施循环设施总体工艺流程示意图

二、 核设施退役的内涵

任何生产活动都有生命周期，犹如人类一样，核设施也有“生老病死”，一个核设施从选址、设计、建造、试运行、运行到关闭退役，完成了核设施的生命循环。核设施退役，就是核设施执行完相应任务，或者是由于安全考虑、工艺落后、经济效益不好，或者原有的任务目标发生变化等原因，对核设施实施去污、拆除、厂址修复或者再利用等管理措施，是环境保护的重要一环。

对于核设施来说，退役是继选址、设计、建造、试运行和运行之后生命循环的最终阶段。这是一个繁杂的过程，包括诸如去污、厂内设备和设施的拆卸、建/构筑物的拆除和退役物料的管理。核设施退役最为关键的工作、也是第一步工作，是对核设施退役过程中的放射性废物进行处理处置、对可以再循环再利用的金属等物料解除放射性管制并进入相应工业循环中再利用。核设施退役将产生大量不同种类的放射性废物，包括液体放射性废物和固体放射性废物，退役废物的特点是废物量大、种类多、涉及面广。退役方案的优化、制定，技术措施的选择，以及退役废物的合理分类、处理、整备，对废物最小化具有十分重要的意义；控制并使退役废物最小化，对于最大限度地减少对环境的危害、保护人类环境，有着十分重要的战略意义。退役核电厂拆除现场示意图见图5-2。

图5-2　美国Maine Yankee核电厂退役拆除现场

我国前端核燃料设施包括纯化、转化、浓缩和元件制造四个环节的设施，中核集团已实施了核燃料设施中的设施材料去污回收工作，去污回收后在社会和核工业内部循环使用了金属材料近万t，金属材料包括了普通钢、不锈钢、蒙乃尔、铝、铅、铜、镍等材料。其中一批退役铀浓缩设备的材料回收率达到98.9%，仅1.1%的金属直接作为废物处理，设备退役后其厂房继续使用到现在，厂房的使用已超过了40年，这为今后对退役前端核燃料设施所使用的材料的回收利用做出了榜样。采用擦拭、磨损机械去污方法对待退役的前端核燃料设施建构物受到铀污染的表面进行去污。表面残留污染水平达到清洁解控指标后的混凝土和砖经粉碎后分别制成街道、广场地砖使用和空心砖使用。

三、核设施退役策略

核设施退役的策略，目前国际上常用的有三种：立即拆除、封固埋葬和延缓拆除。

如表5-1所示，立即拆除策略是指在核设施永久关闭之后，尽可能快（一般认为5年内）地除去核设施内的放射性物质，对核设施的构筑物、设备、结构材料等进行拆除，并对厂址实施有限制的或者无限制的开放使用。立即拆除退役策略的优势主要有：

（1）设施的一些供水、供电、通风、采暖、通讯以及安保等辅助系统可以直接利用或者经过简单维修之后继续使用，省钱省时。

（2）退役核设施的原有工作人员可以继续留用参与退役工作，减少退役人员的后期安置工作，并使退役活动的参与人员比较熟悉现场工作环境，避免或减少不必要的辐射照射。

（3）使场地能够早日实现去污复用。

立即拆除策略，可能存在强辐照风险，在实施厂址特征调查过程中，通常采取屏蔽或者遥控操作设备应对立即拆除策略可能导致的强辐照风险。

封存埋葬策略，是把核设施整体或者其主要部分，采用物理措施进行封隔加固，确保核设施的放射性污染物在预计的期限内不会进入环境介质中，对厂址实行长时间的封隔，并在一定期限内不考虑厂址的综合利用。

延缓拆除，也称安全贮存或者安全封存策略，是指对核设施采取安全管理措施而实施比较长时间的封存，待大量放射性核素衰变后，对核设施的构筑物、设备、结构材料等进行拆除，并对厂址进行有限制的或者无限制的开放使用。

表5-1 三种退役策略优缺点比较

退役策略	优点	缺点	适用对象	国际常用退役策略
立即拆除	1.可以比较迅速实现核设施厂址的开发利用； 2.容易得到熟悉设施现场情况的人员实施退役活动； 3.可以较好地利用现有设施的辅助设备	1.职业照射比较明显； 2.废物量大，处理处置费用较大； 3.需要根据高辐射场研发新型去污和拆除装置	核燃料循环前段的核设施退役；后处理厂；核技术利用设施；中小型研究堆	1991年开始美国PWR退役 德国（以该策略为主）
延缓拆除	1.放射性水平降低比较明显，职业照射相对降低较多； 2.放射性废物量少，处理处置费用降低明显； 3.放射性废物运输、处置对公众影响几乎没有影响	1.退役时熟悉现场情况的人员和资料可能缺失； 2.辅助设施的可用性无法保障； 3.延缓期间维护维修的费用压力较大等	核电厂 生产堆 大型研究堆	美国1990年前反应堆退役 英国 法国 日本 加拿大等
封固埋葬	1.废物运输和处置成本低； 2.有效降低退役过程中的职业照射和公众照射； 3.厂址可以用作其他核设施产生废物的处置场所	1.需要长期进行辐射监测和安全监管，增加管理费用； 2.厂址满足废物处置场所的要求； 3.不适用于含有长寿命核素的设施	场址条件满足要求和长寿命核素含量满足要求的核设施	德国不考虑该退役策略

核设施退役需要考虑的最终目标，也就是在制定核设施退役计划时，必须选定退役策略，预先设计核设施原有厂址的利用方向，这也是核设施退役的终态目标。

世界上许多国家核设施的退役研究在20世纪70年代就已开始，美国、法国、西德、比利时和英国等国家都有退役过程方面的经验。由于各国经济、自然条件等具体情况不同，退役政策各异，如欧洲不允许关闭的核设施永久性的封存；法国、日本的核设施退役，能够使原厂址达到无限制再利用的水平。美国对汉福特中间工厂采用部分拆除、低放废物埋藏的就地处置方式。退役策略的选择是一个非常复杂的过程，除要充分考虑废物最小化因素外，还应考虑国家的政策、退役技术及费用等因素。

第二节　核设施退役过程的那点“心事”

核设施退役活动涉及面广，考虑因素多，各种利益相关方在政治、经济、社会等诸多因素博弈下，最终形成一个比较一致的意见。所有的退役活动，都必须在退役制定计划前考虑源项调查、退役废物的管理方案、场址去污与环境整治、安全监管、退役经费保障等因素。图5-3是核设施退役需要关注事项的示意图。

一、源项调查

源项调查，就是对核设施的放射性水平进行普查的一种活动。

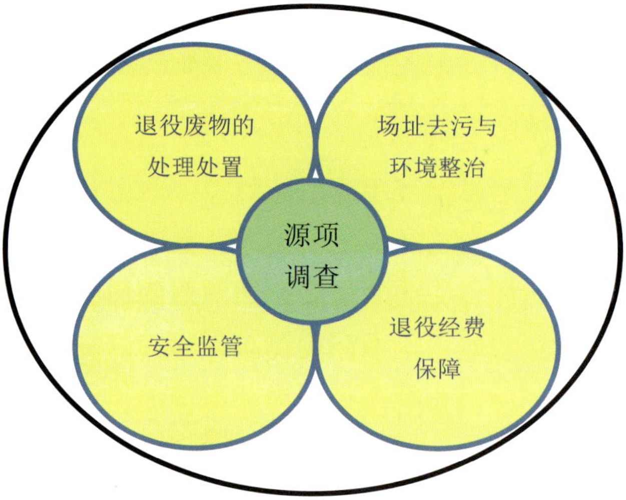

图5-3　核设施退役主要关注事项示意图

核设施退役初始阶段的放射性污染源项调查是制定退役方案的重要依据，全面、系统的放射性特性调查工作可以获得：放射性盘存量（总量、热点）及污染物的范围；根据调查的结果制定出合理的退役方案，从去污方法、拆除方法的选择，废物处理整备，一直到厂址终态，以及退役作业人员的防护要求等。合理的退役方案的制定为废物最小化奠定了基础。另外，在退役过程中，放射性特性调查技术的合理应用（包括：布点、采样、分析及一些仪器仪表的使用）可使废物分类更快捷、更合理，可进一步方便退役废物的处理、整备、运输及处置，为最大限度废物最小化提供了可能。

为使在退役操作过程中产生的废物减至最小化，就需对其作特性鉴定和分类。特性鉴定使我们对所用材料的物理、化学及放射性方面的特性有全面的了解，这样可以把他们分拣开，并有选择地被送去进行处理或处置。

对一个设施进行解体之前和在解体过程中，应事先掌握其放射性的情况。在退役过程中，有很多的技术可以用于材料的放射性活度的测量。通常，这些测量技术可以被归纳为直接测量、间接测量和取样测量三类。可以进行三种类型的测量：剂量率的测量、放射性总活度的测量和能谱的测量。根据辐射的类型、能量及水平的情况，选取合适的剂量计、探测器或谱仪。对于退役的目的来说，两种类型的技术和仪表是很重要的：

（1）对于即将被去污和退役的设备和设施做初始特性鉴定所使用的技术，包括对有关放射性废物的特性鉴定；

（2）为了检验是否满足有条件和无条件解控的要求而采用的对去污后的极低放射性水平的测量技术。

二、退役废物的处理处置

根据废物最小化原则，核设施退役涉及的大量物料（包括废物）采取清洁解控方案，大部分可以进一步再循环再利用。然而社会各界对来自核设施的物料缺乏全面的认识，认为这些物料具有放射性，从心理上排斥以至于绝对不能容忍这些物料流出核设施。

国家管理层必须在立法者、主管当局和公众之间建立畅通的协调对话和公众宣传机制，促进和宣传废物最小化原则，推动资源再循环再利用的理念，促使核设施退役过程中大量“不具有放射性的”物料再循环再利用。在没有提倡再循环和再利用的国家政策时，从业人员应该带头为政策制订提供输入，即采用可接受的原则和从真正的示范工程中得到的结果。

核设施退役产生的废物主要可以分成非放射性物料（或废物）、低中放废物、高放废物等几种类型。其中非放射性物料可以采用再循环再利用的方案。低中放废物和高放废物的处理处置通常采用浅地表处置或者地质处置方案。

（1）建筑垃圾再循环

核设施退役过程中建筑物的拆除可以产生大量的建筑垃圾。建筑垃圾的综合利用，对于节约资源，改善环境，提高经济效益和社会效益，实现资源优化配置和可持续发展具有重要意义。传统的建筑垃圾处理途径主要是作回填材料和加固软土地基等，但其利用率与其产量和存量相比还很低。目前一些研究单位正在探索其新的利用途径，例如利用一种与建筑垃圾相容性较好的胶凝材料，将建筑垃圾制成砖以代替粘土砖，从而有效地避免在生产及使用传统粘土砖过程中造成的土地和能源浪费以及环境污染。

（2）建筑垃圾再利用

据美国交通部门统计，美国每2~5年需要修复的、每20~40年需要更新的公路合计有大约有640万km。美国平均每年需要大约12亿t的碎石，其中的58%用于道路建设，这些碎石中大约有636万t是新开采的石料。因此美国道路建设每公里大约需要99 t的碎石。

我国经济最近几年处于飞速发展阶段，目前全国范围内正在大量进行公路、铁路、住宅等基础设施建设，参照美国统计情况，每年我国需要的碎石等土石方量应当是远远超过美国。目前在我国大部分地区不存在天然碎石等材料不足的问题，但有些地区却不容易得到这类材料，需要花费高昂的运费。目前对新开采石场有很严格的限制。综合利用核设施退役过程中产生的大量碎石等建筑垃圾作为制备混凝土材料或填埋土方，是比较理想的选择。

（3）金属等其他材料的再循环再利用

经济合作发展组织的核能机构（NEA/OECD）退役合作项目任务组提供的 “Recycling and Reuse of Scrap Metals” 报告中对欧共体（CMC）在1979—1995年期间处理处置的来自不同退役项目的包括碳钢、不锈钢、铅、水泥、土壤以及碎石等物质情况进行了调查研究。调查的大约362 000 t的物质处置情况参见表5-2。

表5-2 9个欧共体国家的25个核设施退役物料再循环再利用情况统计表

再循环再利用	估计量	物料类型
无限制使用	6 750 t 900 t 420 t 2 130 t 2 800 t 156 000 t	碳钢 不锈钢 不同种类的金属（未去污） 不同种类的金属（去污后） 碎石 其他
无放射性限制地处置	34 700 t 36 600 t 308 t	水泥 土壤和碎石 其他
在核工业内部有限制地使用	33 t 1 100 t 349 t 814 t	不同种类的金属（未去污） 不同种类的金属（去污后） 水泥 其他
有放射性限制地处置	4 090 t 3 490 t 44 100 t 57 900 t 7 220 t	碳钢 不锈钢 水泥 土壤和碎石 其他
限制地排放到特定熔化炉	220 t 2 025 t	不同种类的金属（未去污） 不同种类的金属（去污后）

（4）退役过程中产生的中低放废物和高放废物

续表

所有的放射性废物的处理处置的思路，就是采用包容和隔离措施，切除放射性废物与人类生活直接相关的环境介质的接触。因此从总体上来说，所有的放射性废物采用填埋方式进行处置，所不同的是放射性水平越高，所需要处置的深度越深。一般的，低放废物采用地表或者浅地表处置方式，也就是采用地表约20 m深度以上的作为处置的空间，中放废物采用50 m深度甚至更深的处置深度，高放废物处置深度要求更加严格，处置深度要求距离地表300 m以下的深度。所有放射性废物的处置场所有严格的工程屏障和地质屏障要求。

三、场址去污与环境整治

核设施退役后的场址清污与环境整治包括污染土壤、地表水、地下水的清污，环境修复以及绿化等。对于小型核设施，场址清污与环境整治比较容易，但对于占地面积很大的大型核设施，退役后清污与环境修复任务繁重，花费巨大。场址清污净化到什么程度，取决于退役终态目标,无限制开放使用还是为新核设施所用，如果退役场址要用做新核设施的场址，则可以适当放宽清污的要求。

竣工验收是退役工程末端重要环节，全面考核检查退役工程设计、施工质量和退役成果，检查工程是否达到了预期目标，是否符合国家标准。退役的竣工验收包括：自检（乙方自验收）；交工验收（甲方验收)； 竣工验收（主管部门会同甲乙双方验收）。大型退役工程要建立验收工作委员会。大型退役工程需要做预验收，包括：工程质量验收、环保验收、 档案验收、劳动卫生验收等。核研究院校的退役工程通常规模比较小，但建档和废物的管理应该都是退役竣工验收严格要求的问题。

退役完成后应妥善保存退役相关的各种资料和记录，如：退役计划（及其变更情况）、安全报告、环评报告、源项调查报告、许可证申请和许可证审批文件、承包商合同、最终退役报告、质保大纲、退役过程中和退役完成时产生的工程图纸、工作人员受照剂量记录、退役期间事件/事故情况和所采取措施等。退役建立文档应该：资料完整，分类恰当，便于查阅，维护保养满足所要求的年限，涉及保密的资料必须按保密制度处理。

废物管理是联结整个退役的重要活动，废物管理成本是整个退役成本的重要部分，在某些情况，可能是主要部分。制订退役计划时，要对废物量作出估算，要对废物的处理、贮存和处置作好按排。退役竣工验收时要检查放射性废物和非放危险有毒废物的安全处理和处置情况。退役废物的管理，应考虑以下因素：

（1）废物最小化，特别要防止α废物的扩大化；

（2）要严格控制废气和废液的向外排放；

（3）要重视废物的分类，废物包装尽可能一次到位，满足贮存、运输和处置的要求；

（4）退役前要考虑废物处置问题，至少要准备好废物贮存场所；

（5）要重视非放危险物质，如石棉、汞、铍、多氯联笨等危险废物。

退役废物大部分是非放废物和极低放废物，真正要作放射性废物处置的只是小部分。分出极低放废物和实施清洁解控再利用再循环，不仅可减轻低中放废物处置负担，还可充分利用资源有利可持续发展。《电离辐射防护与辐射源安全基本标准》规定了放射性核素的豁免值。现在我国正在编制极低放固体废物填埋处置标准。我国制订了《辐射源和实践的豁免管理原则》《核设施的钢铁和铝再循环再利用的清洁解控水平》，尚没有规定各种核素清洁解控的限值。我国废金属熔炼回收，中辐院已成功进行过开发研究。现在，在湖南衡阳和甘肃都建了废钢铁熔炼回收装置。

我国核设施退役早已迈步。20世纪50年代在青海省海晏县金银滩上，建立了我国第一个核武器研制基地。在那里研制成功了第一颗原子弹和第一颗氢弹，1988年实行退役，多个单位协同作战，经过5年努力，成功完成了退役。1993年通过了国家验收，实现无限制开放使用，现在这里定名为西海镇，已建设成为爱国主义教育基地和旅游胜地，正吸引着成千上万人去探秘昔日的原子城，这是我国成功退役的第一个例证。

我国已有几座研究性反应堆实施退役。核动力院成功对两座小型压水堆（一座原型堆和一座实用堆）实施了退役。这工作起始于20世纪80年代末，反应堆一回路系统去污，去污采用AP-OC-AP化学去污法，去污因子在7～10之间。采用便携式仪器和实验室取样分析相结合的方式对工作场所进行辐射监测，检测内容主要包括现场γ剂量率、放射性气溶胶浓度以及通道和车间表面污染水平。工作人员个人受照剂量以外照射监测为主，现场作业人员佩戴γ剂量报警仪和热释光剂量计。在放射性气载废物排放口取样检测放射性浓度。核动力院制定的退役工作人员剂量管理目标值为10 mSv/a,实际上都低于5 mSv/a。在两座反应堆退役实践中，第二座反应堆退役时间更短，两堆退役取得了不少经验。

上海市计量测试技术研究院已成功完成了微型中子源反应堆(简称微堆)的退役，该堆于1991年12月建成。主要用以中子活化分析、少量短寿命同位素制备。反应堆热功率30 kW，中子通量为1×10^{12} n/(cm^2•s)。该堆累计开堆时间665 d，累计运行时间2 320 h。现在已退役到无限制开放使用的水平。

原子能院重水反应堆（HWRR）是我国第一座研究性反应堆，以重水作冷却剂和慢化剂，石墨作反射层。1958年建成，设计热功率7 MW。HWRR堆用途包括：核物理、反应堆物理、热工水力特性研究，材料辐照考验，堆中子活化分析，同位素生产，核电技术服务，辐射防护监测研究，反应堆运行管理以及人才培训等多方面。1979—1980年大修改建，进行了内壳和一回路化学去污，内壳、铝塞和2台热交换器的吊装、更换等工程。改建后反应堆额定功率提高到10 MW，加强功率提高到15 MW，中子通量密度提高到$2.6 \times 10^{14}/(cm^2 \cdot s)$，燃料改用$UO_2$棒束，芯块改为$UO_2$，铀-235富集度为3%，包壳改为Zr-2合金。2007年正式关停，决定采取立即拆除策略。计划经过去污、拆除放射性系统与设备、移走放射性物质，保留堆本体部分混凝土防护层和反应堆主厂房，建设成为核科技博物馆。

原子能院HWRR的退役，计划分为以下四个阶段：

（1）准备阶段（2005—2007年），包括制定退役计划、收集技术文件、历史和事件记录、特性调查、人员培训等。

（2）转变阶段（过渡阶段）（2008—2010年），卸出燃料元件和排出冷却剂、运走乏燃料、重建退役通风和防护系统、申请退役许可证等。

（3）实施阶段-Ⅰ（2011—2015年），拆除堆外系统和设备，处置乏燃料水池水，水池去污等。

（4）实施阶段-Ⅱ（2016—2020年），拆除堆芯、堆内构件、实验孔道、石墨反射层、生物屏障水池、反应堆混凝土体，去污，场址去污和修复等。

此外，我国已成功完成了中国农业大学天然蒸发池和放化实验室、中科院高能所放射化学实验小楼、中国建筑科学研究院放射化学实验室等许多项目的安全退役。目前我国最大的退役工程正在821厂和404厂进行。

四、安全监管

退役工程需要许多前期准备，首先需要确定退役策略和终态目标，提出退役申请，提交可行性研究报告（简称可研报告）、安全分析报告（简称安分报告）、环境影响评价报告（简称环评报告）和质保大纲（初步)及应急响应大纲（初步），许可证申请，还需要作许多组织、技术和经费的准备，如建立退役组织机构、明确职责分工、培训人员、筹集退役经费，可能还要开展必要的预研和示范试验等。

核设施退役方案和退役计划应依据国家相关法律、法规和标准，由营运者编制，经过审管部门批准之后实施。退役工程提交的可研报告、安分报告和环评报告，有不同深度和广度要求，这些报告的齐备程度也随项目大小而异，由审管部门确定。

退役源项调查是为确定退役策略、制定退役计划、优选退役技术、预估退役费用和受照剂量以及确定废物处理、处置方案， 编写可研报告、安分报告和环评报告等提供依据。源项调查要求提供：放射性盘存量，对污染水平做出估计，绘制出放射性污染分布图，掌握污染放射性核素的种类和数量（污染核素、污染浓度、污染总量、污染状态）。如果存在易裂变物质，必须查清易裂变物质残存量。源项调查也应调查非放危险废物的数量和分布以及设施的老化程度与安全隐患。

退设过程安全问题有辐射安全、核安全、一般工业安全和环境安全。安全措施未经有关部门审核批准，不得实施退役。对重水研究堆的退役，氚和石墨安全是应受高度关注的问题。

五、退役经费保障

我国于2003年颁布实施的《放射性污染防治法》第二十七条规定："核设施营运单位应当制定核设施退役计划。核设施的退役费用和放射性废物处置费用应当预提，列入投资概算或者生产成本。核设施的退役费用和放射性废物处置费用的提取和管理办法，由国务院财政部门、价格主管部门会同国务院环境保护行政主管部门、核设施主管部门规定。"这是国家首次在核设施退役经费来源方面以法律形式做出明确的规定。

在世界核能发展的几十年中，许多国家在设施设计、建造、运行时，都没有考虑退役的问题，因此也没有考虑到退役的经费问题，同时也缺乏对乏燃料和运行废物的处理处置经费预算，所有这些费用在问题出现后，方才意识到这是一项棘手的问题，只有等待国家的财政支持。我国作为核能发展的后来者，在2003年前也缺乏核设施退役经费的预先安排，因此国内一些研究堆的退役采用国家财政拨款的方式予以解决各种费用开支。

退役费用通常主要包括去污费、拆卸费、废物处理处置费、退役过程监管费用等退役工程和管理费用。欧洲经济合作与发展组织的核能机构初步分析估计不同反应堆型的退役费用平均分别为：1 000 MW的压水堆，3.2亿美元；1 000 MW的WWER，3.3亿美元；1 000 MW的BWR约需4.2亿美元；1 000 MW的CANDU堆约需3.6亿美元。

退役费用的构成参见表5-3。

表5-3 退役费用构成

费用开支明细	所占比例/%
拆卸	25~35
废物处理处置	17~43
安保、源项调查和维修	8~13
场址清污和绿化	5~13

第六章 放射性废物处理处置

第一节 放射性废物基本概念及其分类

一、放射性废物

放射性废物是指含有放射性物质或被放射性物质所污染，其活度或活度浓度大于规定的清洁解控水平，并且所引起的照射未被排除的废弃物（不管其物理形态如何）。由此看出，放射性废物应该是：①含有一定量放射性核素，其活度或活度浓度大于清洁解控水平；②具有辐射危害作用；③是一种废弃物。

放射性废物实际上就是在放射性核素使用过程中产生的不再利用的物料，这些物料在使用过程中也具有放射性。例如，蜂窝煤经过燃烧就变成了煤渣，如果这些煤渣含有的放射性超过一定的放射性核素限值（也就是清洁解控水平），而这些煤渣又不考虑再循环再利用的话，那么，这些煤渣就是放射性废物了。图6-1是产生放射性废物的示意图。

图6-1　放射性废物概念示意图

二、放射性废物管理

放射性废物管理是指与放射性废物的产生、预处理、处理、整备、贮存、运输、处置和退役相关的各种行政与技术活动。目前放射性废物处理处置的流程可以用图6-2概括。

废物管理流程包括废物的分类分拣、处理、整备、贮存、运输和处置等过程，废物管理体系的各个组成部分构成了一个相互协调、相互补充的统一体系。在废物管理中，实施现场就地分类分拣与分类收集贮存、就地清洁解控、采用优化处理工艺技术、采用有效的整备技术，就构成了实现废物管理最优化的重要技术环节。在正常运行过程中，设施产生的废物量通常不是很多，因此经过包装之后需要送到放射性废物暂存库存放。经过一定时间的累积，就要对暂存的废物进行回取和整备等操作，达到稳定化的要求后进行贮存、待处置。

所有操作、生产和使用放射性废物的活动，如核燃料循环设施、核电厂、核技术利用单位、核武器研发和试验场、核设施退役以及核科学技术研发活动，都会产生放射性废物。从辐射防护角度，放射性废物是重要的电离辐射源和环境污染源，放射性废物可能会造成：

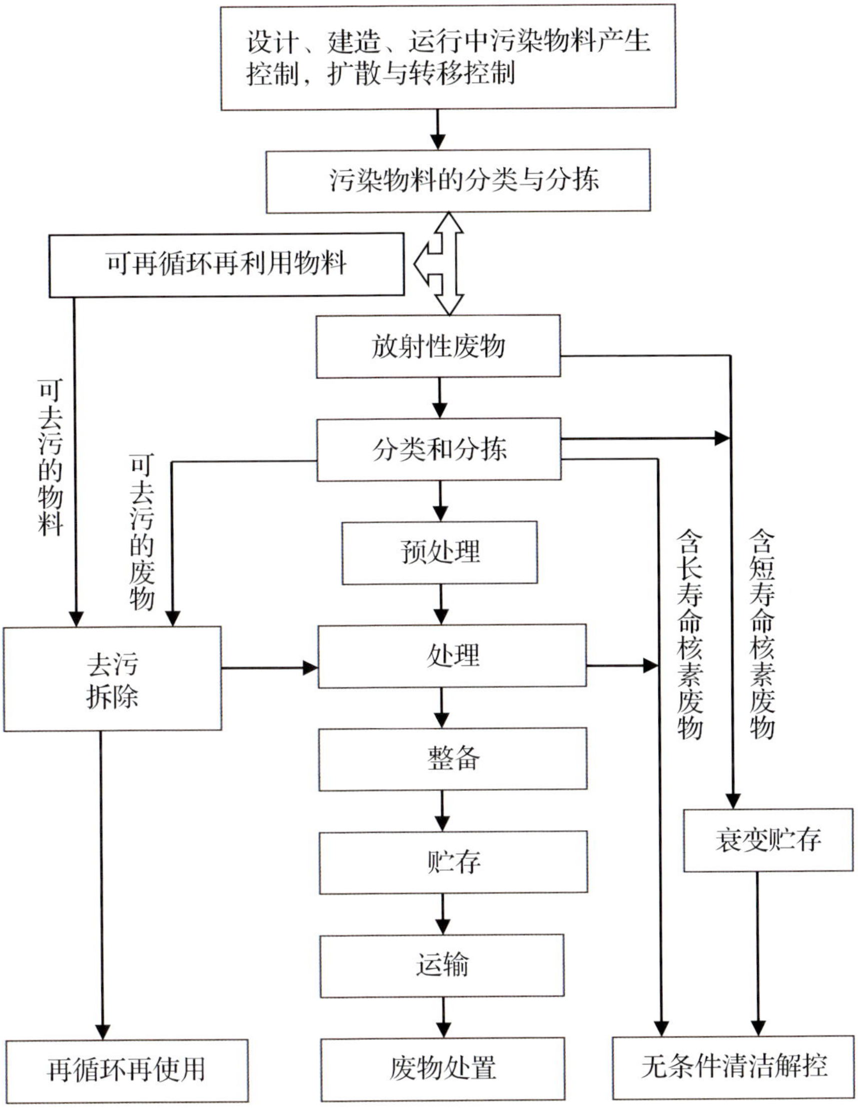

图6-2　放射性废物管理流程

（1）职业照射，从事放射性废物管理工作的人员在其工作过程难免会受到的照射，这种照射用国家制定的剂量限值和部门或单位提出的管理目标值来限制；

（2）公众照射，废物处理处置活动可能会使附近的公众受到辐射影响，这种辐射是有控制的，国际上 一般控制在年照射剂量0.1 ~ 0.3 mSv范围内；

（3）持续照射，放射性废物中所含的长寿命放射性核素会产生持续性照射，这种照射是受控制的；

（4）急性照射，放射性废物管理活动中，在发生事故时或事故后为了抢救遇险人员，阻止事态扩大或其他应急情况，可能会产生急性照射，抢救人员可能会在短时间内受到高剂量的照射，造成放射性损伤。但这种照射在放射性管理活动中发生的概率是极低的；

（5）潜在照射，是一种有一定发生概率而又不一定发生的照射（例如高放废液贮存罐的爆炸），由于采用纵深防御原则，在设计和建造时采用许多安全措施，加上严格管理，有良好预防和减缓作用，因此通常不会发生严重后果。

三、放射性废物分类

为了实现放射性废物的安全、经济和科学地管理，首先必须对放射性废物进行合理分类。我国发布实施的放射性废物分类标准，根据放射性浓度气载废物分为低放和中放两个等级；液体废物分为低放、中放和高放三个等级；固体放射性废物根据比活度和释热率分为低放、中放、高放和 α 废物；低放、中放和高放固体放射性废物，又按照半衰期不同，分为不同级别（见表6-1～表6-3）。

表6-1　我国放射性气体废物分类（Av表示放射性浓度，Bq/m^3）

级别	名称	放射性浓度Av
I	低放	$Av \leq 4\times10^7$
II	中放	$Av > 4\times10^7$

表6-2　我国放射性液体废物分类（Av表示放射性浓度，Bq/L）

低放液体废物	$Av \leq 4\times10^6$
液体中放废物	$4\times10^6 < Av \leq 4\times10^{10}$
液体高放废物	$Av > 4\times10^{10}$

表6-3　我国放射性固体废物分类

固体废物类型		$T_{1/2} \leq 60$ d 1)	60d$< T_{1/2} \leq 5$ a 2)	5a$< T_{1/2} \leq 30$ a 3)	$T_{1/2} > 30$ a	α废物
I	低放	清洁解控水平$< Am \leq 4\times10^6$	清洁解控水平$< Am \leq 4\times10^6$	清洁解控水平$< Am \leq 4\times10^6$	清洁解控水平$< Am \leq 4\times10^6$	单个货包中长寿命α辐射放射性核素的$Am > 4\times10^6$ Bq/kg，平均每个货包的$Am > 4\times10^5$ Bq/kg
II	中放	$Am > 4\times10^6$	$Am > 4\times10^6$	$4\times10^6 < Am \leq 4\times10^{11}$ 4)	Am 4) $> 4\times10^6$	
III	高放	——	——	Am 5) $> 4\times10^{11}$	Am 5) $> 4\times10^{11}$	

注：1）包括放射性核素碘-125（$T_{1/2}$=60.12 d）；2）包括放射性核素钴-60（$T_{1/2}$=5.271 a）；3) 包括放射性核素铯-137（$T_{1/2}$=30.17 a）；4）且释热率小于或等于2 kW/m^3；5）或释热率大于2 kW/m^3；Am表示放射性比活度，单位为Bq/kg。

第二节　放射性废物的管理

核设施业主应按照法规和标准，安全、经济、科学合理地处理和处置好废物。《中华人民共和国放射性污染防治法》规定：向环境排放放射性废气、废液必须符合国家放射性污染防治标准；低、中水平放射性固体废物在符合国家规定的区域实行近地表处置场处置；高水平放射性固体废物和α废物实行集中的深地质处置；产生放射性固体废物的单位，应当按照国务院环境保护行政主管部门的规定，对其产生的放射性固体废物进行处理后，送交放射性固体废物处置单位处置，并承担处置费用；设立专门从事放射性固体废物贮存、处置的单位，必须经国务院环境保护行政主管部门审查批准，取得许可证；禁止将放射性废物和被放射性污染的物品输入中华人民共和国境内或者经中华人民共和国境内转移；国家鼓励、支持放射性污染防治的科学研究和技术开发利用，推广先进的放射性污染防治技术；国家支持开展放射性污染防治的国际交流与合作， 等等重要的方针和政策。

一、放射性废物管理原则

对于放射性废物管理，《电离辐射防护与辐射源安全基本标准》明确指出，核设施注册者和许可证持有者要对放射性废物实施良好的管理，进行分类收集、处理、整备、运输、贮存和处置，确保：

（1）使放射性废物对工作人员与公众的健康及环境可能造成的危害降到可以接受的水平；

（2）使放射性废物对后代健康的预计影响不大于当前可以接受的水平；

（3）不给后代增加不适当的负担。

要求注册者和许可证持有者，充分考虑废物的产生与管理各步骤之间的相互联系，并根据所产生废物中放射性核素的种类、含量、半衰期、浓度以及废物的体积和其他物理与化学性质的差别，对不同类型的放射性废物进行分类收集和分别处理，以利于废物管理的优化。

这些原则和国际原子能机构在征集成员国意见基础上，经理事会批准，发布的“放射性废物管理九条基本原则”精神是一致的。

二、气载放射性废物的处理与排放

核设施运行和研究活动中，会产生气载放射性废物。气载废物中可能含有天然放射性核素或活化产物和裂变产生的人工放射性核素。所含核素的种类、数量和形态差别很大，并且还经常伴随有各种常量有害物质如：粉尘、NO_x、SO_x、HF、F_2、H_2、CO_2、CO等，它们通常以气体、气溶胶和悬浮物等形式存在。

废气净化主要办法是过滤、吸附、洗涤、滞留衰变等。工艺废气的处理一般用综合流程、多级净化工艺。厂房和放化实验室的排风， 通常只要简单处理就可向环境排放。

放射性气溶胶是造成人体内照射的主要因素，最应受到重视。放射性气溶胶是固体或液体放射性微粒悬浮在空气或气体介质中形成的分散体系，粒径为10^{-3}~10^{3} μm，能长久悬浮在空气中。过滤器的选用要根据废气的流量、温度、湿度、尘粒粒度和浓度、分散度、磨损性、黏附性、比电阻等综合因素，经比选和评价来确定，要以安全、可靠为主，优选去污因子高，维修和更换工作量少，二次废物量少，工作人员受照剂量少的工艺和设备。高效微粒空气过滤器 (HEPA filter， 又称绝对过滤器) 是最常用的过滤器，它对粒径0.3 μm微粒过滤效率不低于99.97%。改进的产品可达99.99%，甚至更高。

对于操作放射性同位素或标记化合物的放射性试验室，根据操作量和操作核素的毒性和半衰期，在热室、工作箱、手套箱或者通风柜中进行。放射工作场所要有一定风量和换气次数。核研究中心通常有集中通风中心和排放的高烟囱。没有集中通风中心的放射化学实验室，排气烟囱要比周围50 m内最高建筑物的屋脊至少高出3 m。

废气净化之后，监测合格才能排放。废气净化系统必须有可靠的控制、监测和报警，同时要做好环境监测与评价。《中华人民共和国放射性污染防治法》和《电离辐射防护与辐射源安全基本标准》对流出物排放监测作了明确具体规定。

三、放射性废液的处理与固化

核设施运行和研究活动中，会产生各类放射性废液，他们所含的放射性核素的种类、数量、化学和物理形态、含盐量、酸碱度可能差别很大,要分类收集、分类处理。

废液通常贮存在碳钢或不锈钢槽罐中。废液不允许长期贮存，因为废液的久存有贮槽腐蚀泄漏的风险，废液必须尽早作固化处理。废液先要作净化处理，使大部分体积达到排放标准，可以安全排放到环境的水体中去或者可以复用，放射性核素被浓集在小体积沉淀泥浆、蒸发浓缩液或废离子交换剂中后进行固化处理。对于有机废液，不能和废水混合存放，也不能用一般处理废水的方法处理。

废液的输运贮存可以通过地下管道，也可以通过运输车辆。这种运输车辆应具备：① 有足够的屏蔽；② 有适当的容积；③ 可以快速方便接受和输出废液，如利用快接头；④ 确保运输安全。德国卡尔斯鲁厄研究中心，多年来一直采用运输车运输低、中放废液。原子能院拟用容积为1 m^3的运输车在院内运输部分放射性废液，省去铺设更多地下管道。

对于核研究院校使用少量短寿命放射性核素时所产生的放射性废液，按《电离辐射防护与辐射安全基本标准》的规定，通过适当衰变贮存后，经监管部门确定满足下列条件的低放废液，可直接排放入流量大于10倍排放流量的普通下水道。

（1）每月排放的总活度不超过10 ALI_{min} (ALI_{min}是相应于职业照射的食入和吸入ALI值中的较小者)；

（2）每一次排放的活度不超过1 ALI_{min}，并且每次排放后用不少于3倍排水量的水进行冲洗。

（3）对每次排放做好记录。

洗衣水、淋浴水，含有较多洗涤剂，而只含少量放射性，不宜和低中放废液掺和在一起，影响低中放废液的处理。一般，洗衣水、淋浴水可通过活性炭床吸附等简单处理，经监测就可达排放标准。含氚废水的处理，特别是含低浓度氚的低放废水，氚的除去十分困难，国际上也尚无好办法。因为氚和氢，氚水和普通水的化学性质相似，难于用常用的放射性废水处理方法去分离和净化，此难题至今国际上也未解决。

低、中放废水的处理，絮凝沉淀、蒸发和离子交换是目前广泛使用的技术。絮凝沉淀工艺简单、成本低，但去污效率较低，对于胶状沉淀物过滤比较困难。蒸发法的去污和减容效率高，但耗能大，建设和运行投资高。离子交换工艺简单，适宜连续运行，去污效率介于前两者之间。废树脂一般不再生，废树脂是有机物，热稳定性、机械强度和耐辐射性都较差，不适于长期贮存。目前废树脂的安全处理、处置方法都还不够理想。

中国原子能科学研究院在20世纪60年代初率先在国内建成了絮凝沉淀—蒸发—离子交换处理装置，处理能力4 m^3/h，设两条处理线，一条运行一条备用，安全运行40多年，取得了许多经验。现在该院建成了低放和中放两套蒸发装置及配有水泥固化装置的综合处理车间。综合车间建成以来已固化了近3 000桶废物。20世纪七八十年代，电渗析、反渗透、磁过滤、磁性离子交换吸附材料和节能的压缩蒸发等技术，原子能院也作过不少开发研究，但都需要作工程应用的推进。

沉淀泥浆、蒸发残渣、废树脂等湿固体废物含有相当量水分且容易弥散，必须进行固化处理。沉淀泥浆、蒸发残渣(蒸发浓缩液) 现在普遍采用水泥固化。水泥固化工艺简单、安全可靠、建设和运行费用低。但水泥固化也存在着明显缺点，这就是增容多、核素浸出率高。水泥固化有桶内固化和桶外固化。能实现均匀搅拌的行星式双搅龙搅拌桶内固化装置和桶外固化装置，北京核工程设计院都已设计成功并在工程上应用。我国现在使用水泥固化的厂院很多。水泥固化也可以用来固化废树脂和焚烧炉灰。为了有较高废物包容量和最佳的固化体品质，需要研究配方和添加剂。原子能院和中国辐射防护研究院（以下简称中辐院）对水泥固化配方与固化体性能测定已做了许多开发研究。

核燃料循环前处理研究和核燃料循环后处理研究以及放射性同位素和标记化合物的分离和纯化，常用有机萃取剂，会产生有机废物，有机溶剂辐射影响的研究，也会产生有机废物，主要是各类萃取剂和煤油类稀释剂。这些有机废物虽然数量不大，但处理有特殊要求。有机废液不宜直接作水泥固化，可选用适当的吸收剂（如活性炭、天然纤维、合成纤维、粘土、硅藻土、蛭石等）作预处理，然后进行水泥固化。

废物固化法除水泥固化外，还有沥青固化、塑料固化和玻璃固化等。我国已制订了水泥固化体、塑料固化体和沥青固化体标准。沥青固化容易着火，安全性差，多数国家已弃之不用。我国刮膜蒸发沥青固化工业装置因为发生了燃爆事故也已废弃不用。塑料固化适宜固化有机废物（如废树脂等），玻璃固化宜用来固化高放废物。因为玻璃固化减容比大，固化体抗浸出性能好，韩国拟用它来固化核电厂废物。对于核研究院校的废物，水泥固化是比较简单和易行的做法。

对于核研究院校产生的少量废物，建造成套水泥固化装置使用率不高，可用简单易行的滚动搅拌装置固化，即把水泥和待固化废物装入桶内，放入能起捣动作用的物体，密封桶盖，然后把桶放在专门设计的台架上滚动和振动，达到均匀混合。为了提高对某些特定核素的包容作用，可选加适当的添加剂，如沸石、蛭石、膨润土、飞灰等。

对于水泥固定，这是将水泥砂浆浇注到装金属部件的包装容器中，以充填其中的空隙，形成满足处置要求的整体快。

固体放射性废物种类很多，如污染设备、工具部件、劳保用品、擦布、擦纸以及废过滤器、废弃分析器皿，等等，可分为可燃和不可燃废物；可压缩和不可压缩废物。焚烧可燃性废物可获得很大减容和减重效果，但是整个减容和减重效果应该考虑焚烧灰与尾气处理系统的废过滤器芯、废布袋过滤器、碱洗涤液等二次废物。此外还应该考虑：①焚烧炉对尾气净化和运行安全性要求高，必须做安全分析报告和环境影响评价报告，审批获得许可证；②由于氯、硫、磷的腐蚀作用，要求控制焚烧废物中的塑料、橡胶废物的比例（热解焚烧炉可允许焚烧含较高量聚氯乙烯塑料和氯丁橡胶的废物）；③焚烧炉不适宜短周期间隙运行；④焚烧炉建造成本和运行费用较高。因此研究院校（除非特大型核研究中心）单独建焚烧炉是不经济的。焚烧动物尸体、有机废液的焚烧炉，有特殊要求，中辐院开发研究的热解焚烧炉已在国内大型厂院推广使用。

固体放射性废物的压实处理，通过提高废物整体密度获得一定减容。压实处理减容倍数比较小（2～10倍），但压实装置价廉、操作简单、二次废物量少，应用比较普遍。压实装置有低压（几十至100 t压力）、中压（100～500 t压力）、高压（500～1 000 t压力）和超级压实机（超千t压力） 等多种类型。一般情况下，低压、中压压实机多用于废物产生现场。高压和超级压实机多用于核研究中心、废物处理中心、多堆电厂和低、中放废物处置场。超级压实机可以对钢桶装的废物实行连捅压缩，获得进一步减容。原子能院为了对回收的废物充分减容，经过20 t 桶内压实机预压缩后，用2 000 t超级压实机压缩，选压实的饼块合理搭配后装桶，用水泥砂浆固定。我国大亚湾核电厂以及821厂核设施退役都设置了超级压实机。

固体放射性废物的包装要采用适当的包装容器。低、中放固体废物的包装容器有圆桶、钢箱、混凝土容器、玻璃钢容器、聚合物浸渍混凝土容器等许多类型，后者用来包装含氚废物。包装容器的选用，应满足处置、贮存和运输的要求，尽可能一次到位，避免反复倒装废物，增加人员受照和增加二次废物。核研究院所产生的固体废物量少、种类多，要选好包装容器，在固体废物产生地点分类装入适当容器。容器的材质、尺寸和制造工艺都要符合标准的规定，废物包装容器要有获许可证的单位制造。我国已制订了混凝土容器、钢桶、钢箱等容器标准。

固体放射性废物的贮存是临时贮存，应实行动态管理，必须保证可以回取，有的要送到低中放废物处置场处置，有的衰变到了足够低水平，经批准可送普通垃圾填埋场处置。固体废物要定型包装、分类贮存、整齐堆放、适时回取。固体放射性废物要建立档案，不允许乱堆乱放和私自销毁处置，要防止发生偷盗和失窃。

四、放射性固体废物处置前活动

世界各国在几十年的核能和核技术应用发展过程中，不可避免地产生大量的待处置废物。许多核设施正在退役或即将退役，也必然会产生大量放射性废物。目前世界各国在中低放废物处置前的预处理方法不尽相同，最终都是采用把中低放废物稳定化后进行浅地层填埋的处置方式。我国在中低放废物处置方面，不断进行着各个方面的探索性研究工作，并已经取得了显著成果。放射性废物管理涉及的具体操作环节参见图6-3。

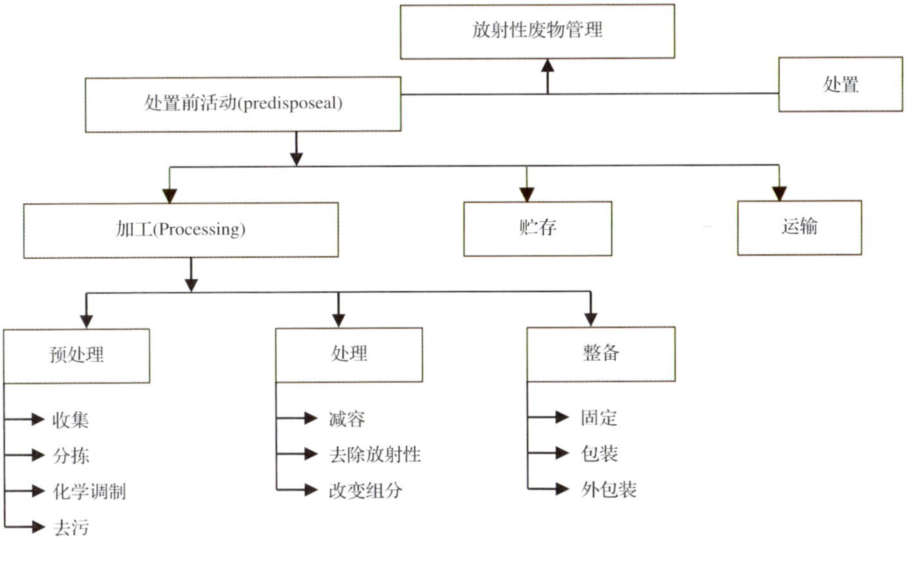

图6-3　放射性废物管理涉及的操作环节

整备之后的废物贮存对环境影响较小，相应废物的运输辐射安全在后面的章节具体进行阐述。本章节重点就是对不再进行再利用的、暂时存放的放射性固体废物进行回取和整备等操作过程进行评价。

为了对已经暂存一定期限的中低放固体废物进行处理，就要对固体废物暂存库进行改造，以利于对废物进行预处理和处理，改造完成后所有相关改建、扩建工程项目的组合，就构成了中低水平放射性固体废物处理设施（以下简称废物处理设施）。

五、废放射源的处理处置

（1）分类

废放射源主要有α、β和γ放射源等，目前通常按废放射源的活度（A）和核素半衰期($T_{1/2}$）进行分类，具体分类情况见表6-4。

表6-4 废放射源按活度和核素半衰期分类表＊

半衰期	活度Bq	废放射源类别
$T_{1/2}\leqslant 100$ d	$A\leqslant 4\times10^{9}$	第5类
	$4\times10^{9}<A\leqslant 4\times10^{10}$	第4类
	$4\times10^{10}<A\leqslant 4\times10^{11}$	第3类
	$A>4\times10^{11}$	第2类
100 d$<T_{1/2}\leqslant 5$ a（包括钴-60）	$A\leqslant 4\times10^{8}$	第5类
	$4\times10^{8}<A\leqslant 4\times10^{9}$	第4类
	$4\times10^{9}<A\leqslant 4\times10^{10}$	第3类
	$4\times10^{10}<A\leqslant 4\times10^{11}$	第2类
	$A>4\times10^{11}$	第1类
$T_{1/2}>5$ a	$A\leqslant 4\times10^{8}$	第4类
	$4\times10^{8}<A\leqslant 4\times10^{9}$	第3类
	$4\times10^{9}<A\leqslant 4\times10^{10}$	第2类
	$A>4\times10^{10}$	第1类

*本分类仅应用于城市放射性废物库废放射源的收贮。

目前核技术应用废物可以采取的处置方案有回收再利用、贮存衰变解除管制（包括就地贮存和送至城市放射性废物库贮存两种）、近地表处置场和深地质处置等，管理方案见图6-4。

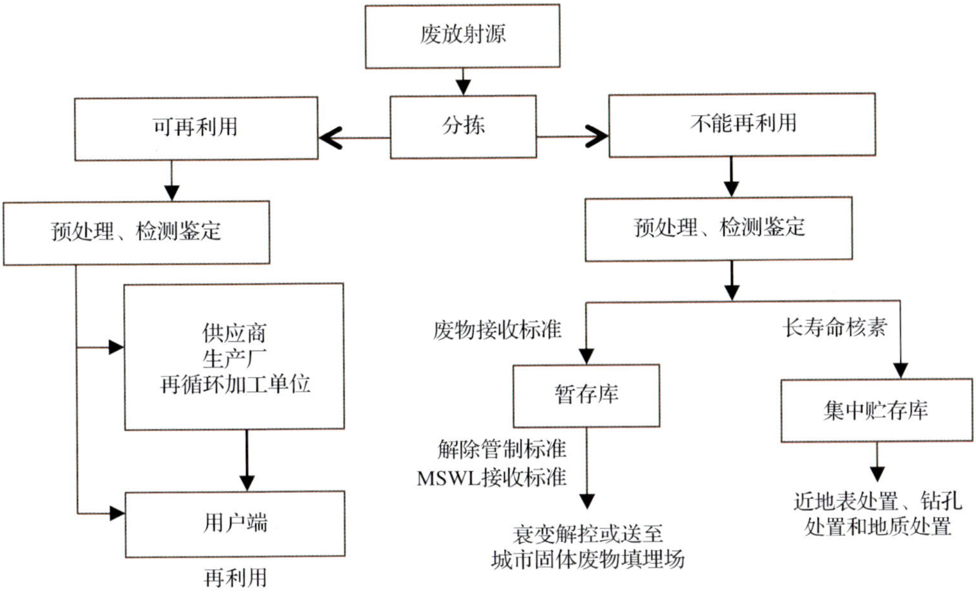

图6-4 废放射源安全管理方案

所有这些处置方案中回收再利用是最优先选择的选项，依次递减的选择方案是贮存衰变、近地表处置和深地质处置。

作为废源管理的第一步是区分无利用价值源和有利用价值源，为此需要制定相应的政策和判别原则及标准，并解决废源回收利用的技术难题。对于无利用价值的源，需要根据源的性质，分别采用不同方法进行处理和处置。对于极短寿命的源，在贮存衰变足够时间并满足相应标准后，可送城市固体废物填埋场处置或解除放射性管制。我国目前在废放射源管理领域已经进行了较多的研究工作，但还没有系统、细致的可利用的废放射源管理的实施程序和标准指南等。为了安全有效地管理废放射源，有必要在调查研究的基础上，制定相应的规定。

（2）回收再利用方案

在回收利用方面，现阶段采用的主要方式有：

1）对可利用的长寿命($T_{1/2}$>30 a) 放射源，如Am-Be 中子源，一般采取重新加工的办法制成产品重新使用；

2）对可利用的中长寿命（5 a≤$T_{1/2}$≤30 a）放射源，如活度和外形尺寸合适的^{137}Cs放射源，经过质量鉴定重新组合包装，用于其他方面；

3）对中、短半衰期（$T_{1/2}$<5 a）的放射源，有的辐照加工后再利用（如铱源等）。

回收再利用是最优先选择的方案，目前国内一些单位已经开展了这方面的工作，方案的具体从长远利益和整体安全的角度分析，必然会带来可观的经济价值和环境效益。

（3）贮存衰变解除管制方案

目前我国大部分城市放射性废物库库存容量有限，基本上不具备处理和整备废源的能力，主要通过贮存衰变到可以清洁解控水平而作为一般废物处理，或者作为临时暂存等待将来国家进一步处理与处置，因此现阶段只适合于集中收贮与暂存废源。环境保护部牵头对全国城市放射性废物库正进行大规模改、扩建，少数已经完工并形成了处理和整备废源能力，但是规范的、经济可行的废源处理与整备程序还没有形成。

在贮存衰变解除管制的处置方案中，通常对短半衰期核素的废物经过5～10个半衰期后，满足解除管制标准时采取解除管制，而作为非放射性废物处理。

城市放射性废物库贮存的放射性废物和废放射源，经贮存衰变达到国家规定的清洁解控水平或公众受到的辐射剂量小于0.01 mSv/a时，经监测验证和审管部门认可后应进行清洁解控处理。

这项方案对于短半衰期核素的废放射源的管理是比较经济有效的管理方案，其实施的关键环节就是如何有效地保证衰变贮存期间的公众安全和环境安全。

（4）近地表处置的方案

在放射源地面以下处置的方案，主要针对不可利用的中、长寿命的废放射源以及放射性废物，由特定部门进行最终处置。国际原子能机构（IAEA）已提出了相应的处置路线，即对半衰期小于100 d 的废物采取贮存衰变；半衰期在100 d～30 a的，采取近地表处置，可根据半衰期和活度选择较浅深度的近地表处置或较深的有工程屏障的近地表处置。

城市固体废物填埋场（MSWL）接收核技术应用废物以及核设施退役废物的处置方案应当也属于近地表处置方案的范畴。在城市固体废物填埋场（MSWL）填埋极低放射性水平废物（VLLW）目前是一个正在逐步受到国际上重视和进行探索性研究的方案。城市放射性废物库贮存的核技术应用废物，经贮存衰变达到国家规定的极低放射性水平废物（VLLW）的放射性水平时，经监测验证和审管部门认可后可以送到城市固体废物填埋场（MSWL）填埋。

（5）地质处置

对于半衰期大于30 a的高活度废放射源通常可采取较深的、有工程屏障的近地表处置或地质处置。

高活度废放射源的钻孔处置属于地质处置方案，其技术要点是利用直径约25 cm的钻孔，在30 ~ 100 m 深的范围内处置那些不能在近地表处置的废源，这些废源通常装入6 mm厚的不锈钢桶。该方案主要是通过物理隔离来达到安全处置的目的，不锈钢桶在处置深度的腐蚀速率0.01 μm/a，设计中还考虑了采用防止人为钻探的不锈钢板。该方案受到没有深地质处置设施、废源量不大而又急需处置的国家的欢迎。

2005年4月IAEA组织的评审组认为钻孔处置是一个针对废放射源的经济可行、安全和永久处置的方法，钻孔处置方案工程实施概念模式参见图6-5和图6-6。IAEA 还准备通过技术合作项目推广这一方案，但有专家认为这一方案存在人类闯入、地下水活动较强、天然系统变化等风险。

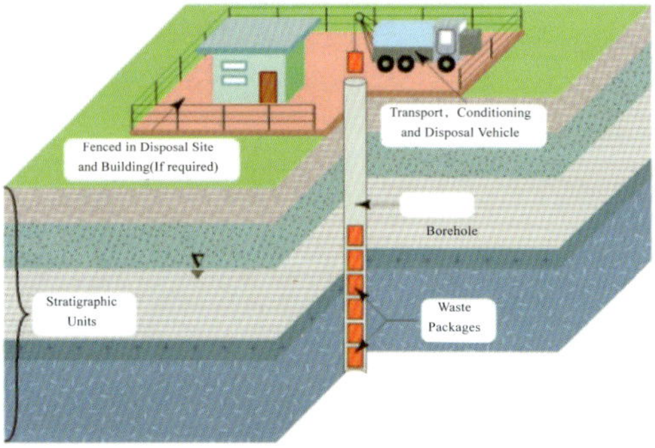

图6-5　钻孔处置方案布局图

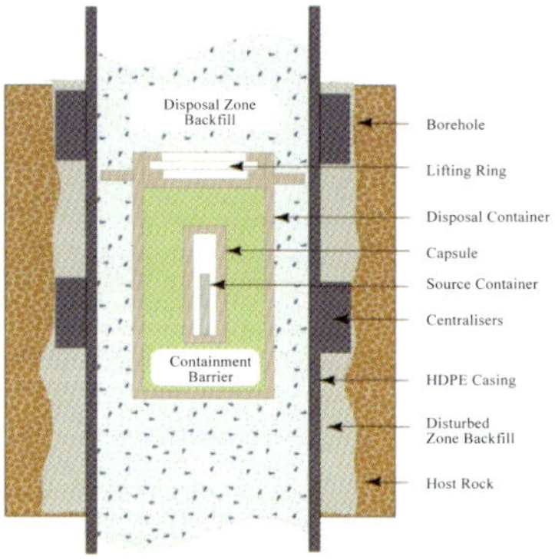

图6-6　钻孔处置方案工程设计示意图

高活度废放射源的回收、整备和包装是一个比较棘手的问题。2003年IAEA技术支持专家组设想制造高活度废放射源整备的移动式装置，用于高活度废放射源回收、整备和包装。2007年南非核能公司在IAEA技术和资金支持下制造并试验了第一台高活度废放射源整备装置，其装置示意图见图6-7。该装置可以使缺少放射源处置设施的国家对其拥有的废放射源进行就地处理和整备。

图6-7 高活度废放射源整备装置示意图

目前，国际上真正进行废源处置的设施有：俄罗斯与东欧一些国家的RADON处置设施、澳大利亚与美国的WALTON设施和IAEA资助南非的AFRA设施，这些钻孔设施设计用于处置低中放射性废物，现用于处置低活度较短寿命废源。

所有的高活度废放射源的处置过程主要考虑的关键环节有：① 在处置方案最终确定以前，对高活度废放射源采取几十年、甚至更长时间的集中式中间贮存，尽量减少在用户或第三方设施内的暂存时间，以尽可能减少潜在事故的发生；② 为满足进一步整备的要求，在制订整备方案中要考虑高活度废放射源的回收；③ 为了减小需要贮存的废物体积，整备过程需考虑废物最小化。

深地质处置方案中的钻孔处置在我国具体应用存在着极大的局限性，我国的废放射源数量很大，地域分布广，要选择合适的处置场所处置大量的废放射源，从场地利用、经济有效性、环境安全性等方面分析，都不是十分适合我国国情的处置方案。结合我国的实际情况，可以借鉴国际上在高放废物处置方面的经验，还要考虑未来回取再利用的可能性，选择合适的处置方案。

（6）高放废物的地质处置

地质处置是对核工业产生的高放废物进行安全管理的一种有效的隔离处置法。地质处置是指在几百米或者更深的稳定地层中建立地下处置库，用于把固态形式的高放废物、α废物和含长寿命放射性核素的废物长期贮存其中，实现与包括人类在内的生物圈进行安全隔离的一种废物处置方式。

地质处置主要包括深部钻孔处置和深部矿山式处置。深部钻孔处置深度达数千米，深部矿山式处置一般为300～1500米。处置库围岩包括花岗岩类、粘土岩、凝灰岩和岩盐等，被处置的废物为高放废物玻璃固化体、乏燃料和α废物等。对放射性废物进行深地质处置是一项复杂的系统工程。在技术上包括选址和场址评价、建造地下实验室及设计、建造、运行和关闭的处置库。

地质处置安全，技术上可行，不污染环境已经是专业人士由来已久的共识。但是，许多国家的公众对此仍有疑虑。深地质处置支持者们面临的挑战之一是证明一个储存所必须长时间可靠，且将来可能的泄露不会对人类健康和环境造成影响。

地质处置从放射性核素从地下处置库到生物圈迁移角度考虑，可以分为近场和远场。近场包括废物货包、回填物、封隔材料以及可能受到处置库及其内容物影响引起性能改变的挖掘区和其附近的地质体。远场是指处置库近场外的、一定距离内的地质体。生物圈是指地球环境中存在生物体的部分，包括大气层、水体以及与人类居住有关的陆地区域等环境。

世界上已经在地质处置方面开展了几十年的研究工作，建立试验场所或者在地质场所等实验工作平台，对放射性核素迁移行为、地质环境的稳定性等进行了广泛的研究。一些国家和研究机构对漫长历史过程中的放射性矿物和沉积物的迁移行为、天然反应堆的安全特性等开展了细致的研究工作，可为放射性废物的地质处置安全性提供有力的证明。

第七章

放射性物品运输

第一节　放射性物品运输的必要性

我国的核能开发和核技术利用各个环节都涉及放射性物品运输，运输活动遍布全国各地。核能开发和核技术利用是国际化程度非常高的行业，跨境放射性物品运输活动发生频繁。

（1）核能开发

核能开发涉及核燃料循环各个环节，各环节之间都将涉及放射性物品的运输。图7-1显示了核燃料循环各个

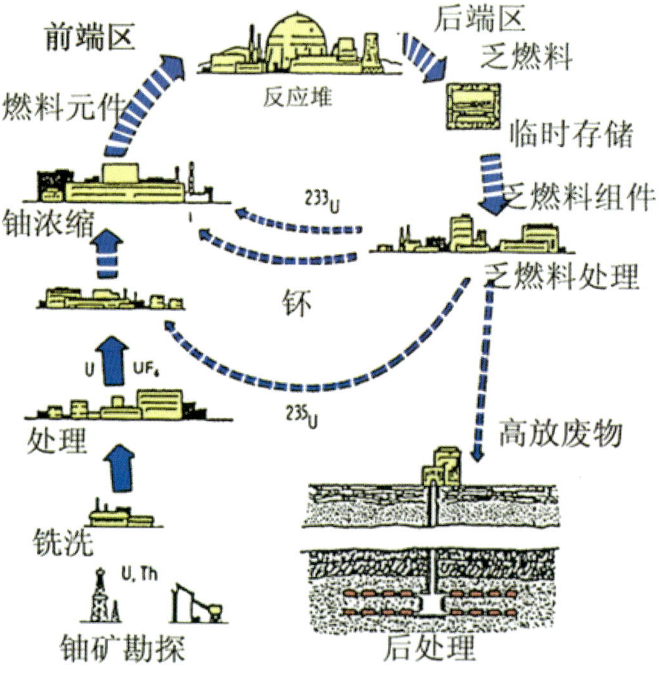

图7－1　核燃料循环各个环节

环节。世界核电厂主要集中在美国、欧洲的法国、亚洲的日本、韩国等国家，而核电厂所需要的铀资源分布又不完全集中在上述各个拥有核电厂的国家中。

图7-2是我国核能开发过程涉及到的核材料运输示意图，核材料运输涉及到的区域和范围较广，每年的运输量比较大。

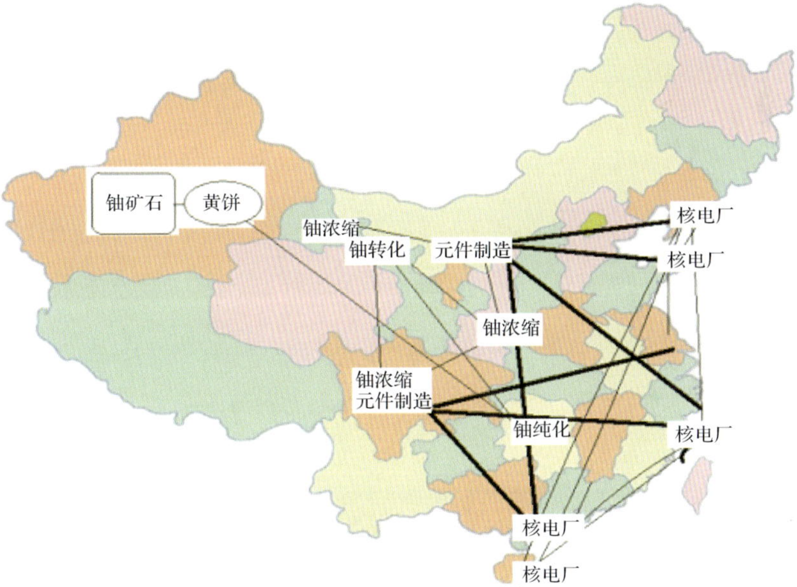

图7-2 我国核能开发过程涉及到的核材料运输示意图

（2）核技术利用

放射性同位素广泛应用于医学、工业、农业、教育、科研等行业，从放射性同位素的原料加工、成品制成到使用及后续退役都涉及放射性同位素及射线装置的运输。

在医学上的应用：放射性核素（主要是人工放射性元素）主要用于

放射性药物影像诊断、放射源治疗和体外放射性免疫分析等，另外还包括医疗用品消毒。

在工业上的应用：放射性核素主要用于制成核仪表（测厚仪、料位计核子湿度密度仪）、放射性测井、γ射线照相（探伤）机等。

在农业上的应用：放射性核素和放射源可以进行辐射育种、化肥示踪、农副产品的辐照保鲜等。

在食品加工中的应用：食品灭菌保鲜等。

（3）放射性废物的处理和处置

核能开发和核技术应用各个环节都将产生放射性废物。目前我国对除极低放废物之外的放射性废物实行集中处置，对核技术应用产生的废放射源和放射性废物实行集中收贮。从放射性废物产生单位到集中贮存和处置地都涉及放射性物品运输。

第二节　放射性物品运输方式

近年来，随着核能和核技术应用的快速发展，放射性物品货包的运输量逐年增加显著。公路、铁路、水路、航空等多种运输方式在放射性物品运输过程中都发挥各自的优点，相互结合、相互协作。图7.3是公路、铁路、水路和航空等放射性物品运输方式示意图，图中给出了各种运输方式承运量的统计数据。

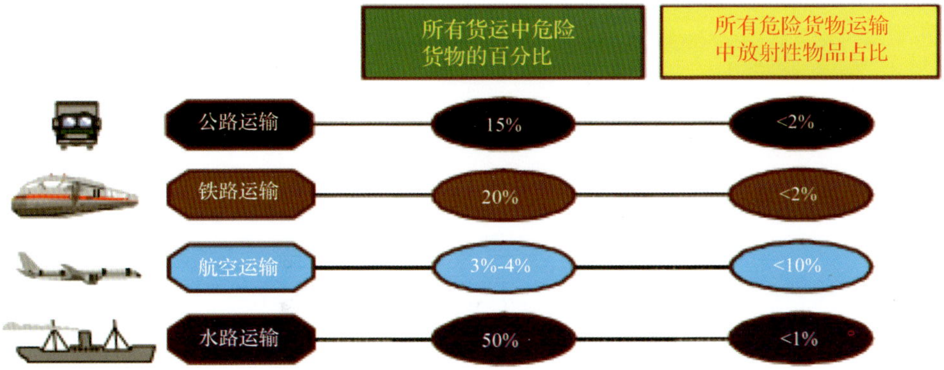

图7-3 放射性物品运输方式

表7-1中给出了危险货物所占全球货物运输总量及放射性物品所占危险货物运输总量的比重。

表7-1 危险货物及放射性物品运输量的比重

运输方式	危险货物占货物运输总量比重	放射性物品所占危险货物运输总量的比重
公路	15%	2%
铁路	20%	2%
航空	3%~4%	10%
海运或内河运输	50%	1%

* 数据来自IAEA Safe Transport of Radioactive Material, Fourth Edition, 2006。

2.1 公路运输

广义的公路运输是指利用一定的载运工具（汽车、拖拉机、人力车、畜力车等）沿公路上运送旅客和货物的运输方式。现代所用运输工具主要是汽车。因此，狭义的公路运输一般即指汽车运输。在地势崎岖、人烟稀少、铁路和水运不发达的边远和经济落后地区，公路为主要运输方式，起着运输干线作用。随着我国高速公路网络的形成与完善，公路运输客运量和货运量越来越大。选择铁路、水上、航空运等运输方式，都可能需要短途公路运输来辅助完成。

由于公路运输具有机动灵活、中途不需要倒运即可实现门到门的运输等特点，因此已成为我国放射性物品最主要的运输方式。从辐射影响最大的一类放射性物品，如乏燃料、Ⅰ类放射源、高放废物等的运输，到辐射影响较小的放射性药物、Ⅳ类、Ⅴ类放射源等三类放射性物品的运输，都将公路运输作为首选运输方式。

2.2 铁路运输

铁路运输是指利用机车作为动力牵引车辆，沿着铁路轨道运行的运输。铁路运输也是陆上运输方式之一，适宜担负远距离、大宗的客货运输。

我国铁路运输放射性物质已有50多年历史,。随着核能工业的发展,铁路运输放射性物质的数量、品种和范围也在逐年增加。放射性核素的品种已由1958年的30多种增加到目前的200余种。目前我国铁路运输放射性物品的种类主要是核电厂的新燃料组件、铀钍矿石、UF_6、UO_2芯块等。

2.3 水路运输

水路运输是利用船舶、排筏及其他浮运工具，在江、河、湖泊、人工水道以及海洋上运送旅客和货物的一种运输方式。水路运输是最古老的运输方式，历史悠久而有交通运输”祖先”之称，18世纪曾在交通运输业生产中占主要地位。它是我国综合运输体系中的重要组成部分，并且正日益显示出它的巨大作用。通常按照航行的区域，水路运输大致可以划分为内河运输、沿海运输和远洋运输三种类型。

水路是运输危险货物的主要方式，其运输量已占水路运量的20%。虽然水路运输危险货物占全路运输的比例较大，但运输危险品的种类较少，主要以原油为主。目前，渤海、长江三角及珠江三角水域成为我国船载危险货物运输的主要区域。

国际上，放射性物品的跨界海上运输的规模也相当庞大。据国际原子能机构的统计，现在放射性物品的海上运输每年约发生1 000万次，其中有95%的运输涉及核技术应用产品，如工业放射源、医用放射源、放射性诊断药物、烟雾报警器等等，其余少量运输为核材料运输，包括天然铀、贫化铀及其制品、新燃料、乏燃料等。

在我国水路运输放射性物品较少，主要是远洋跨界运输，如放射源的进出口、新燃料组件的进口等。目前国内有资质的可以进行放射性货物装卸作业的港口数量比较有限，主要有上海港、宁波北仑港、烟台港等，其中上海港是目前我国最大的放射源进出口港。从英国和加拿大进口的放射源，到达上海港后，换装到公路运输，再运送至国内各放射源用户。进口放射源退役后，也是在上海港装船后返回原出口国。

国内沿海运输和内河运输更为少见，2014年开展的^{60}Co放射源跨琼州海峡运输是我国首例一类放射性物品的跨海运输。

2.4 航空运输

航空运输是指以飞机、直升机或其他航空器作为运输工具，从空中航线运送旅客和货物的一种方式。航空运输速度快、成本高、运量小，适合对时间要求高的货物运输。主要适合运载的货物有两类，一类是价值高、运费承担能力很强的货物，如贵重设备的零部件、鲜活商品、季节性产品等；另一类是紧急需要的物资，如抢险救灾物资。航空运输在我国运输业中，货运量占全国运输量比重还比较小，主要是承担长途客运任务，伴随着物流的快速发展，航空运输在货运方面将会扮演越来越重要的角色。

由于受运载工具的限制，民用航空危险物品运量很少，种类也有限。目前国内以北京、上海和广州为主，已经形成了多个比较大的危险品进出口空港。上海的运量已经超过了北京，广州运量也在快速增加。此外，南京、厦门、深圳等城市危险品运量也在增加。

目前我国航空运输放射性物品主要是放射源、放射性同位素、放射性药品的进出口，国内航线运输放射性物品的比较少。可以进出口放射性物品的空港也比较少，以北京、上海和广州为主，其中北京首都国际机场和上海浦东国际机场设立了放射性危险品暂存库。此外，中国出口到巴基斯坦的新燃料组件也采用航空运输。

图7-4　铁路运输

航空运输的主要优点：

（1）速度快："快"是航空运输的最大特点和优势。现代喷气式客机，时速为800～1 000 km/h，比汽车、火车快5～10倍，比轮船快

20～30倍。距离越长，航空运输所能节约的时间越多，快速的特点也越显著。因而航空运输适合用于中长距离的旅客运输、邮件运输以及鲜活易腐的物品运输。

（2）破损率低、货物完整性好：采用航空运输的货物本身价值较高，航空运输的地面操作流程环节比较严格，管理制度比较完善，这就使货物破损率很低，完整性较好。

（3）机动性大：飞机在空中航行，受航线条件限制的程度相对较小，可跨越地理障碍将两地连接起来。这一优点使航空运输成为执行救援、急救等紧急任务中必不可少的手段。

航空运输的主要缺点：

（1）运量小，运费高。飞机机舱容积和载重量都比较小，货物的运输量受到限制，不适合大宗货物的运输，而且运载成本和运价比地面运输高。

（2）飞行受气象条件一定限制，对运输的准时性造成影响。

（3）航空运输速度快的优点在短途运输中难以充分发挥。

放射性物品运输活动绝对不可能避免。IAEA统计的数据表明，在全球范围内每年的放射性货包流量高达3 000万件以上，美国在300万件左右，德国75万件，法国30万件，而我国1955—1985年期间，采用铁路和公路运输的放射性物品货包数分别为44.5万件和213万件，近几年随着核能和核技术利用的快速发展，目前我国国内放射性物品货包年流通量高达百万件以上，即平均每天都有几百件的放射性货包在我国公共道路、航线或水域（公路、铁路、航空、水上）上移动。预计到2020年每年仅乏燃料产生量就将近1 000 t，需要运输到处置场处置的核废物将近

3 000 m^3，运输量和货包种类都将大幅增加。

我国的放射性物品运输按照运输物质的类型，又可以分为核材料运输、放射源运输两种。核材料通常是指核电站发电所利用的铀、钚等能够发生裂变反应放出大量能量的放射性物质，在核材料整个寿期内，涉及到运输的主要核材料类型大致包括六氟化铀运输、新燃料组件运输以及乏燃料运输等。

（1）六氟化铀运输

六氟化铀（UF_6）具有放射性、毒性和强腐蚀性等多种危害特性。六氟化铀（UF_6）UF_6在一定条件下与空气中的湿气和水都容易发生反应、生成氢氟酸（HF）和氟化铀酰（UO_2F_2）。国际原子能机构（IAEA）对UF_6运输给以特别的重视，对防止其化学危害给出了明确的安全要求。图7-5给出了六氟化铀运输容器的示意图。

图7-5　六氟化铀运输容器

我国对六氟化铀的运输与IAEA的安全运输要求基本相同。由于我国的铀转化厂、浓缩铀生产厂、燃料元件制造厂都设有铁路专用线，我国一直以来都以铁路运输UF_6，并且采取军运管理模式，以保证UF_6运输活动的安全。

图7-6　铁路运输

（2）新燃料组件运输

我国核电目前正处于高速发展阶段，截至2013年8月，中国大陆共有运行和在建机组46台，分布在13个核电厂址，其中运行核电机组17台，分布在5个核电厂址，在建核电机组29台，分布在12个核电厂址，每年新燃料组件的需求量近2 000组。我国的核电站燃料组件制造厂地处内陆，与各核电站厂址距离较长，基本在2 000 km以上，且燃料元件运输量大，一般采用铁路-公路联运的方式。即先采用铁路运输方式将燃料组件由制造厂的专线运至离核电站较近的中转换装站，再以公路运输到厂址。目前阳江核电站、田湾核电站都采用此种模式完成了新燃料组件的运输，预计未来更多的核电站都会采用此种运输模式。

（3）乏燃料运输

乏燃料是核电站发电运行过程中经过反应堆堆型燃烧后产生的、不再继续使用的燃料组件。目前我国乏燃料的运输主要来自各个核电站，乏燃料要送往后处理厂进行化学处理，提取乏燃料中的有用成分，继续使用。因此通常的运输是从核电站运往乏燃料后处理厂，运输路程通常较远。图7-7为乏燃料运输货包和载运车辆。随着我国新建核电站的数量逐渐增多，未来乏燃料的运输任务更加艰巨。由于公路运输能力小，可能将不能满足乏燃料运输量的需求。而核电站地处沿海地带，且乏燃料后处理厂设有铁路专用线，海－铁联运或将成为乏燃料新的运输方式。

图7-7　大亚湾乏燃料运输货包和载运车辆图

（4）放射源运输：目前国内放射源的用户多达上万家，分布国内29个省（直辖市、自治区），用户主要涉及辐照站、医院、科研院所等。由于放射源用户分布广，单个用户的需求量较小，所有公路成为首选运输方式。目前国内I类放射源的年运输量在1 000万Ci左右。随着核技术应用的不断推广，运输量还在逐年递增。

第三节 放射性物品运输危害特征

放射性物品运输的危害主要包括交通危害、辐射危害和非辐射危害等。

（1）交通危害

放射性物品运输是一种运输活动，将带来和其他运输活动同样的交通危害。在正常情况下，主要是运输工具产生的尾气、噪声以及公路运输的扬尘；在发生车辆翻坠、撞车、燃烧（含自燃）等事故时，会造成人员伤亡和财产损失。

（2）辐射危害

放射性物品运输风险除了包括普通货物运输涉及的运输危害之外，在正常运输情况下和事故情况下还存在辐射危害。放射性物品运输主要给运输人员、公众和环境带来四类具体的辐射危害：

1）放射性物质的污染（通过扩散、弥散等释放途径）——放射性物质的非受控释放造成的放射性污染。

2）放射性物品辐射水平——放射性物质的衰变而发出各种射线（α、β、γ、中子）对人体造成的辐射损伤。

3）易裂变材料的临界（后果既有释放，又有强辐射）——某些易裂变材料（^{233}U、^{235}U、^{239}Pu等核素）在意外情况下发生的非受控自持链式裂变反应，即核临界事故。

4）放射性的衰变热——放射性衰变过程中伴随大量热的释放所造成的损害。

放射性物品运输通常根据运输放射性物品的活度（或活度浓度）和物理性质，选择GB 11806《放射性物品安全运输规程》规定的运输容器，对装载在运输工具上的货包表面污染水平和剂量率水平加以控制。在放射性物品正常情况下，参与运输的工作人员以及可能受到影响的公众不会吸入货包内的放射性核素所致的内照射产生辐射风险，但由于受到运输的放射性物品放出的射线（γ、中子、X射线或/和较高能量的β射线等）的外照射，而产生的辐射风险。

外照射所致辐射风险直接与放射性物品的距离远近密切相关。一般来说，距离放射源越远，外照射所致的辐射风险越小。例如当放射性物品作为点源时，受照个人与该点离源的距离平方成反比，当距离点源的长度增加一倍，辐射风险降低为原来的1/4。在正常放射性物品公路运输中，个人辐射照射情况的示意图如图7-8所示。

由图7-8可知，公路运输放射性物品对个人产生的辐射照射在运输过程中是一个动态过程，个人与放射源的距离发生变化，因此个人辐射风险也是一个动态的累积过程。因此正常情况下的辐射风险评价只考虑外照射的剂量评价方法。

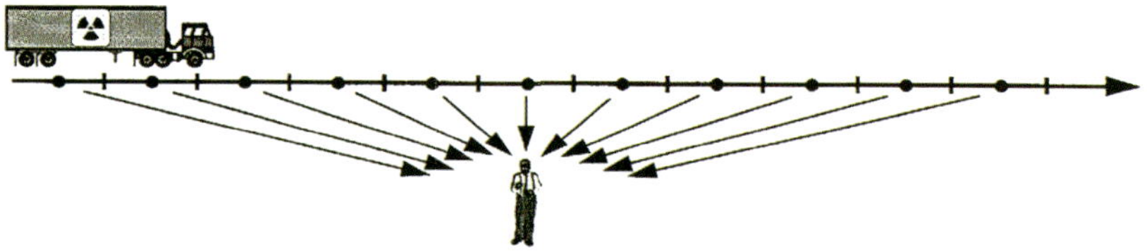

图7-8　放射性物品公路运输对代表人产生辐射风险的示意图

在事故条件下，放射性物品所致的外照射的辐射风险途径始终存在，同时事故可能导致运输容器屏蔽能力的降低或失效，从而可能导致放射性物品运输容器释放放射性气溶胶或可吸入颗粒物到环境中，而在空气、水体等环境介质中扩散，从而由于吸入或摄入放射性核素而产生内照射的辐射风险。

例如公路运输放射性物品的辐射风险评价范围，在正常情况下为运输沿线两侧的1 km范围；在事故情况下选取以事故发生地为中心、半径大致为1 km的同心圆范围内，见图7-9。当然，根据运输放射性物品的特征，以及发生事故的气象条件（尤其是风速风向）等具体条件对评价范围有所调整。

图7-9 放射性物品运输的辐射风险评价范围示意图

放射性物品公路运输的辐射风险评价对象，主要考虑运输线周围评价范围内的公众、同向和反向行驶在运输线上各种车辆中的公众成员、停运时运输车辆一定范围内的公众成员，以及在整个公路运输过程中所有参与运输的放射性工作人员。

第四节　放射性物品运输采取的安全措施

我国的放射性物品运输借鉴国际经验，形成独立完善的运输安全管理体系。目前通常采用的放射性物品运输安全管理措施可以概括为：① 严格遵守国家放射性物品运输的安全监管法律法规体系，并建立国家安全运输的监管机构；② 运输活动的辐射剂量管理；③ 放射性物品采用与其风险匹配的运输货包；④ 运输活动采用成熟可靠的货包拴系方案；⑤ 运输过程安全责任分工明确；⑥ 采用经过论证的运输方案；⑦ 建立放射性物品运输的安保与应急措施；⑧ 运输全过程进行辐射监测；⑨ 强化运输活动质量保证；⑩ 对运输全过程采取信息保密和保护的措施等。

一、放射性物品运输的安全监管法律法规体系和监管机构

（1）放射性物品运输安全监管的法律法规

我国的放射性物品运输安全监管的法律法规体系包括法律、行政法规、部门规章和强制性标准、安全导则和技术参考文件等，见图7-10。法规系统中国家法律具有最高的权限，我国签署的国际公约适用条款具有国家法律的最高权限。当国家法律和国际公约规定不一致时，优先采纳国际公约的相关规定。我国法规体系的层次关系如图所示，国家放射性物

图7-10　法规系统

品运输的法规体系以铁路运输为例，其具体情况如表7-2所示。

表7-2 放射性物品（铁路）运输核与辐射安全法规体系

<table>
<tr><td rowspan="2">放射性运输法律</td><td>宪法</td><td colspan="2">《宪法》是放射性物品运输法律法规建立的依据和基础。宪法第26条第1款 国家保护和改善生活环境和生态环境，防治污染和其他公害。</td></tr>
<tr><td>相关法律</td><td>《环境保护法》第48条
《放射性污染防治法》 第15条
《铁路法》
《安全生产法》等</td><td>法律层次上，各种安全要求的法律效力一样；
如果规定中不一致，遵循后法大于先法</td></tr>
<tr><td colspan="2">行政法规</td><td>放射性物品运输安全管理条例（国务院令第562号）
核材料管制条例;
中华人民共和国核材料管制条例实施细则
危险化学品安全管理条例（国务院令第591号）
铁路安全管理条例（国务院令第639号，2013）等</td><td>国务院制定并公布、或经国务院批准有关主管部门公布。国务院放射性物品运输的行政法规仅次于法律。分为两类：①法律的实施细则或条例；②针对具体领域制定的条例、规定和办法</td></tr>
<tr><td rowspan="2">部门规章</td><td>部门规章</td><td>放射性物品运输安全许可管理办法
放射性物品分类和名录（试行）</td><td rowspan="2">国务院环境保护主管部门单独发布或与其他部门联合发布、以及政府其他行政主管部门单独发布的运输安全管理规范性文件。部门规章和强制性标准均不得违背法律和行政法规的规定</td></tr>
<tr><td>强制性标准</td><td>放射性物质安全运输规程（GB 11806—2004）</td></tr>
<tr><td>安全导则</td><td>核安全导则</td><td>《核材料运输实物保护》（HAD 501/05）
《放射性物品运输核与辐射安全分析报告格式和内容》（HAD 701/02—2014）等</td><td>通常是指导性文件，不强制执行，但是需要提供证明以满足行政部门的安全要求</td></tr>
</table>

2009年9月7日国务院第80次常务会议通过《放射性物品运输安全管理条例》，并于2010年1月1日起施行。

我国运输条例共包括总则、放射性物品运输容器的设计、放射性物品运输容器的制造与使用、放射性物品的运输、监督检查、法律责任和附则共七章，六十八条。

第一章“总则”共七条，对我国运输条例的编制目的、适用范围、放射性物品分类、管理体制、运输安全标准制定、设计/制造和运输单位责任以及举报及保密等进行了说明。第二章“放射性物品运输容器的设计”共七条，对设计单位质量保证和设计安全评价、设计档案制度、设计批准书的申请时限和材料、审批程序、设计修改规定、设计备案以及Ⅲ类放射性物品运输容器设计管理要求等进行了规定。第三章“放射性物品运输容器的制造与使用”共十四条，对制造质量检验、Ⅰ类放射性物品运输容器制造单位条件、制造许可和禁止事项、审批程序、制造许可证内容变更、制造许可证有效期与延续、制造备案、运输容器编码、运输容器年度备案、运输容器维护与定期评价、境外Ⅰ类放射性物品运输容器使用批准书申请与审批、境外Ⅱ类放射性物品运输容器使用备案、使用境外制造Ⅰ类、Ⅱ类放射性物品运输容器的编码等进行了规定。第四章“放射性物品的运输”共十五条，对托运人责任、启运前辐射监测、承运人资质要求、培训/标志和在线监控、辐射防护、给承运人信息、Ⅰ类放射性物品运输申请与审批、核与辐射安全分析报告批准书内容、辐射监测备案、道路运输审批、其他方式运输要求、非营业性道路危险货物运输资质、入境内运输管理、应急管理、辐射事故报告和响应等进行了规定。第五章“监督检查”共五条，对监督检查制度、检查人员要求、设计不符合处理、运输和制造不符合处理、监督性监测和人员培训等进行了规定。第六章“法律责任”共十八条，对各种违规行为及责任单位/人应受到的处罚及承担的法律责任进行了规定。第七章“附则”共二条，对军用放射性物品运输的监督管理以及条例生效日期进行了规定。

放射性物品运输容器的质量是运输安全的根本保证，而其设计的安全可靠性又是运输容器质量保障的源头。运输容器的设计过程控制以及设计结果的完整性和正确性直接关系到运输容器是否具备对放射性物品的包容和屏蔽等功能，而运输容器的制造质量是放射性物品运输安全保障的关键环节，运输容器的制造过程是为了实现设计目的，保证用于使用的运输容器能够完好履行相关功能的必要过程，因此我国运输条例要求对运输容器的设计、制造等活动进行严格控制，从而防止放射性物品运输过程中可能出现的辐射事故，保证环境和公众安全。放射性物品运输环节潜在风险高、监管难度大，关系到人民群众的生命财产安全，关系到社会稳定。为加强放射性物品运输环节的管理，我国运输条例对放射性物品运输也作出了明确的规定。主要管理要求如下：

1）放射性物品运输容器的设计管理

一是建立运输容器设计的安全性能评价制度。要求设计单位对设计的放射性物品运输容器的安全性能进行评价，并如实记录设计和安全性能评价过程。

二是建立Ⅰ类运输容器设计批准制度。要求Ⅰ类运输容器的设计在首次用于制造前报国务院核安全监管部门审查批准，并明确了设计单位需要提交的申请材料和审查批准程序。

三是建立Ⅱ类运输容器设计备案制度。规定Ⅱ类运输容器的设计，应当在首次用于制造前将有关设计文件报国务院核安全监管部门备案。

四是明确Ⅲ类运输容器设计的管理要求。规定设计单位应当编制Ⅲ类运输容器的设计符合国家放射性物品运输安全标准的证明文件，并存档备查。

2）放射性物品运输容器的制造管理

一是明确运输容器的质量检验要求。规定运输容器制造单位应当对制造的运输容器进行质量检验，未经质量检验或者经检验不合格的，不得交付使用。

二是明确Ⅰ类运输容器制造单位应当具备的条件。要求从事Ⅰ类运输容器制造活动的单位具备拥有相应的专业技术人员、生产条件和检测手段，以及具有健全的管理制度和完善的质量保证体系三项条件。

三是建立Ⅰ类运输容器制造许可制度。规定从事Ⅰ类运输容器制造活动的单位应当申请领取制造许可证，并明确了申请领取制造许可证的条件和程序。

四是建立Ⅱ类、Ⅲ类运输容器制造备案制度。要求从事Ⅱ类运输容器制造活动的单位在首次制造活动开始前将有关证明材料报国务院核安全监管部门备案；从事Ⅲ类运输容器制造活动的单位按年度将制造运输容器的型号和数量报国务院核安全监管部门备案。

五是建立Ⅰ类、Ⅱ类运输容器编码制度。要求制造单位对生产的Ⅰ类、Ⅱ类运输容器进行统一编码。

3）放射性物品运输环节的管理

一是明确对放射性物品托运人的要求。要求托运人持有生产、销售、使用或者处置放射性物品的有效证明，使用与放射性物品类别相适应的运输容器进行包装，配备辐射监测设备、防护用品和防盗、防破坏设备，并编制运输说明书、核与辐射事故应急响应指南、装卸作业方法、安全防护指南。

二是建立表面污染和辐射水平监测制度。规定托运Ⅰ类放射性物品的，托运人应当委托有资质的辐射监测机构进行表面污染和辐射水平监测；托运Ⅱ类、Ⅲ类放射性物品的，托运人应当进行表面污染和辐射水平监测；监测结果不符合国家放射性物品运输安全标准的，不得托运。

三是明确放射性物品承运人的资质要求。规定承运放射性物品应当取得国家规定的运输资质。

四是建立Ⅰ类放射性物品运输的核与辐射安全分析报告书制度。要求Ⅰ类放射性物品的托运人编制核与辐射安全分析报告书，报国务院核安全监管部门审查批准，并明确了审查批准的程序。

五是建立Ⅰ类放射性物品启运前的备案制度。要求Ⅰ类放射性物品启运前，托运人应向启运地的省、自治区、直辖市人民政府环境保护主管部门备案，并明确了需提交的备案材料。收到备案材料的环境保护主管部门应当及时将有关情况通报放射性物品运输的途经地和抵达地的省、自治区、直辖市人民政府环境保护主管部门。

六是明确不同运输方式的具体管理要求。规定通过道路运输放射性物品的，应当经公安机关批准后，按指定的时间、路线、速度行驶，并悬挂警示标志，配备押运人员，使放射性物品处于押运人员的监管之下；通过水路运输放射性物品的，应当遵守水路危险货物运输的法律、行政法规和规章的有关规定；通过铁路、航空运输放射性物品或者邮寄放射性物品的，应当遵守国务院铁路、民航、邮政主管部门的规定。

4）境外制造的放射性物品运输容器的管理

一是建立进口Ⅰ类运输容器使用批准制度。要求使用境外单位制造的Ⅰ类放射性物品运输容器的，应当在首次使用前报国务院核安全监管部门审查批准，并明确了使用单位需要提交的申请材料和审查批准程序。

二是建立进口Ⅱ类运输容器使用备案制度。规定使用境外单位制造的Ⅱ类放射性物品运输容器的，应当在首次使用前将运输容器质量合格证明和符合中华人民共和国法律、行政法规规定，以及国家放射性物品运输安全标准或者经国务院核安全监管部门认可的标准的说明材料，报国务院核安全监管部门备案。

三是建立进口Ⅰ类、Ⅱ类运输容器编码制度。要求国务院核安全监管部门办理使用境外单位制造的Ⅰ类、Ⅱ类放射性物品运输容器审查批准和备案手续，应当同时为运输容器确定编码。

四是建立Ⅰ类放射性物品从境外运抵或途经中华人民共和国境内运输的核与辐射安全分析报告书制度。要求Ⅰ类放射性物品从境外运抵中华人民共和国境内，或者途经中华人民共和国境内运输的托运人编制核与辐射安全分析报告书，报国务院核安全监管部门审查批准，并明确了审查批准的程序。

五是建立Ⅱ类、Ⅲ类放射性物品从境外运抵或途经中华人民共和国境内运输的备案制度。Ⅱ类、Ⅲ类放射性物品从境外运抵中华人民共和国境内，或者途经中华人民共和国境内运输的，托运人应当编制放射性物品运输的辐射监测报告，报国务院核安全监管部门备案。国务院核安全监管部门应当出具相应的放射性物品运输的辐射监测报告备案证明。

5）放射性物品运输容器的使用管理

一是明确运输容器定期维护要求。规定放射性物品运输容器使用单位应当对其使用的放射性物品运输容器定期进行保养和维护，并建立保养和维护档案；放射性物品运输容器达到设计使用年限，或者发现放射性物品运输容器存在安全隐患的，应当停止使用，进行处理。

二是建立Ⅰ类运输容器安全性能评价结果备案制度。规定Ⅰ类放射性物品运输容器使用单位应当对其使用的Ⅰ类放射性物品运输容器每两年进行一次安全性能评价，并将评价结果报国务院核安全监管部门备案。

（2）国家法规体系中规定的放射性物品安全监督管理行政部门

我国的放射性物品运输安全管理法规体系中明确不同运输方式的监督管理部门，具体涉及到的主要部门参见图7-11。

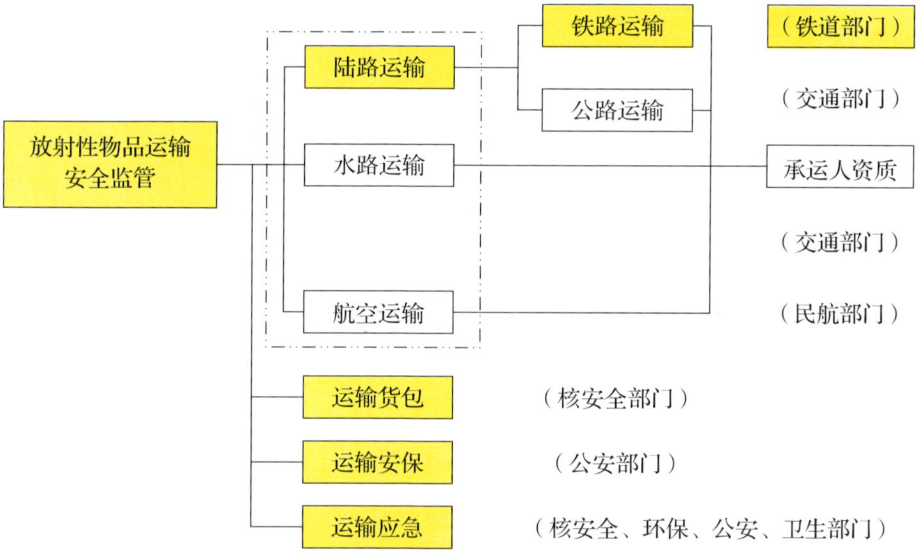

图7-11　放射性物品运输安全监管涉及的国家行政职能部门

国务院核安全监管部门审查批准《核与辐射安全分析报告》，运输容器的设计、制造和使用，放射性物品的分类和品名。托运人、承运人、接收人的辐射资质管理等。

公安机关审查批准放射性物品的道路运输申请。通过水路运输放射性物品的，还应当遵守水路运输的法律法规规定。通过铁路运输、邮寄或航空运输放射性物品，还应当遵守国务院铁路、邮政、民航主管部门的规定。

国家放射性物品运输安全标准，由国务院核安全监管部门制定，由国务院核安全监管部门和国务院标准化主管部门联合发布。国务院核安全监管部门制定国家放射性物品运输安全标准，应当征求国务院公安、卫生、交通运输、铁路、民航和核工业行业主管部门的意见。

二、剂量管理

放射性物品运输过程已经充分考虑了正常运输情况下和事故情况下的辐射屏蔽、包容系统的完整性等安全防护问题。

运输活动对公众所致的剂量比较小，对于单次运输活动公众照射大约为公众年剂量限值1 mSv/a的1%，甚至更低。公众发生癌症的概率是有多种因素造成，化学污染物和放射性污染都是致癌因素，统计显示，化学污染物对公众影响更为明显。

《电离辐射防护与辐射源安全基本标准》（GB 18871—2002）规定的对职业照射人员和公众中关键人群组的成员照射剂量限值见表7-3，这些限值适用于实践引起的所有照射（不包括医疗照射和某些天然源引起的照射）。

表7-3 职业照射和公众照射剂量限值

	职业照射人员	公众中关键人群组的成员
有效剂量	20 mSv（由审管部门决定的连续5 a的年平均值） 50 mSv（任何一年）	1 mSv（年有效剂量） 连续5 a的年有效剂量不超过1 mSv，则年有效剂量可为5 mSv

续表

当量剂量	眼晶状体	150 mSv/a	15 mSv/a
	四肢（手和足）	500 mSv/a	50 mSv/a

GB 11806—2004遵照《电离辐射防护与辐射源安全基本标准》中对个人剂量限值的规定，对从事放射性物品运输工作的承运人员的辐射防护和剂量管理提出了要求，托运人须编制相应的“辐射防护大纲”来明确拟采取的辐射防护措施和制定的剂量约束值，剂量约束是对源可能造成的个人剂量预先确定的一种限制。剂量约束是同源相关的，被用作对所考虑的源进行防护和安全最优化时的约束条件。对于职业照射，剂量约束是一种与源相关的个人剂量值，用于限制最优化过程所考虑的选择范围，该剂量约束值应是低于国家规定的相应的剂量限值且经过优化的结果，是考虑了经济和社会因素后得到的一个可合理达到的尽量低的值。

放射性物质运输活动的剂量约束值，应依据对该项运输活动进行的剂量估算的结果制定，同时充分借鉴以往类似放射性物质运输活动的个人剂量监测数据，以管理目标值的形式来指导该运输活动的辐射防护工作。此外，剂量约束值还应结合随后运输活动的经验积累和防护措施的改进，而进行不断的优化。

剂量约束值是参与运输活动的各类人员所受预期剂量的上限，在正常条件下，各类人员受到的职业照射剂量不仅应低于国家标准规定的年剂量限值，也应低于审管部门认定的剂量约束值。如果承运人员剂量超过了剂量约束值，则应对该项目防护措施有效性、监测数据可靠性以及项目实施的可能性等多方面因素，进行剂量约束的适用性分析，根据分析结果来判断是进一步优化辐射防护措施，还是对剂量约束值进行调整。表7-4中给出了某项乏燃料运输活动中所制定的各类承运人员所受辐射影响的剂量约束值的参考。

表7-4 某乏燃料运输活动制定的正常运输条件下各类人员的剂量约束值

人员类别		剂量约束值 / (mSv/a)
工作人员	吊装人员	≤5
	拴系人员	≤5
	辐射防护人员	≤5
	驾驶人员	≤5
	押运人员	≤2
	其他人员	≤1
公众		0.05

三、运输货包

根据放射性物品的特性及对人体健康和环境的潜在危害程度，将放射性物品分为Ⅰ类、Ⅱ类和Ⅲ类。Ⅰ类放射性物品，包括Ⅰ类放射源、高水平放射性废物、乏燃料、核材料等释放到环境后对人体健康和环境产生重大辐射影响的放射性物品。Ⅱ类和Ⅲ类放射性物品，是指释放到环境后对人体健康和环境分别产生一般、较小辐射影响的放射性物品。

放射性物品运输会根据所装载物品的风险大小选择合适的运输容器进行运输，运输容器、以及运输容器所装载的物品、容器的外包装合称为货包。

根据所装物质的性质和表面污染情况或辐射水平，分为豁免型包装、工业型包装（IP）、A型包装、B型包装、C型包装。豁免型货包是指运输该种货包时不需要按放射性货包那么严格管理，在装卸和运输（包括存放）过程中均没有特殊要求的货包。也就是作为普通货物运输的货包。

我国的法规体系对不同种类的货包设计提出不同的试验要求（见表7-5）。目的是对货包运输过程中可能出现的事故情景下，货包能够保持完成性的性能进行测试，确保货包即使在事故情况下也能包容放射性物品，达到尽可能降低辐射风险的目的。一些试验的示意图参见图7-12～图7-14。

表7-5 不同货包类型的货包试验要求

货包类型	货包试验要求
IP-1	
IP-2	自由下落试验、堆积试验
IP-3	喷水试验、自由下落试验、堆积试验和贯穿试验
A	喷水试验、自由下落试验、堆积试验和贯穿试验（装液体和气体的有附加试验）
B(U)（单方批准货包）	喷水试验、自由下落试验、堆积试验和贯穿试验； 9 m自由下落试验和1 m自由下落试验（或1 m自由下落试验和500 kg重物9 m跌落）、耐热试验、水浸没试验，若超过10^5 A_2，强化水浸没试验
B(M)（多方批准货包）	喷水试验、自由下落试验、堆积试验和贯穿试验； 9 m自由下落试验和1 m自由下落试验（或1 m自由下落试验和500 kg重物9 m跌落）、耐热试验、水浸没试验，若超过10^5 A_2，强化水浸没试验
C	喷水试验、自由下落试验、堆积试验和贯穿试验； 9 m自由下落试验和1 m自由下落试验（或1 m自由下落试验和500 kg重物9 m跌落）、耐热试验、水浸没试验、强化水浸没试验、击穿／撕裂试验、强化耐热试验、撞击试验

图7-12 运输容器贯穿试验

图7-13 检漏试验

图7-14 运输容器跌落试验

四、拴系方案

货包在运输工具上的栓系方案，是对货包运输在运输工具上稳定性和安全性进行分析评价的重要一环。

例如核电厂新燃料组件在货包内的固定，通过货包钢管内木质插件构成的六边形内衬来固定的。内衬与燃料组件之间填充有聚乙烯、粗棉布、硅胶等材料来保护燃料组件。具体拴系方式参见图7-15所示。

图7-15　放射性物品运输拴系示意图

铁路运输的放射性物品的货包拴系，通过货包支承框架和压紧杆部件来实现。主要由侧梁、横梁、筋条、栓钩和定位档块等构件焊接而成，中间用松木铺平。每个托架上表面焊接有纵向、横向档块，限制了货包左右移动。框架四角定位孔用M36螺栓与火车车厢的二次缓冲装置连接固定；框架上四个栓钩用于链索拴挂，并与压紧杆部件配套，张紧链索紧固货包。4个M20吊环螺钉用作框架的吊装操作和空载时压紧杆部件连接拴固。

五、安全责任分工

放射性物品运输活动的重要保证，是明确托运人、承运人、收货人和押运人等各方承担的运输活动分工及安全责任。只有明确规定运输活动相关方的责任，才能保证运输活动过程中各司其职，确保具体事项有具体负责，出现事故也有明确的责任人。

放射性物品的托运人应当制定核与辐射事故应急方案，在放射性物品运输中采取有效的辐射防护和安全保卫措施，并对放射性物品运输中的核与辐射安全负责。

六、运输方案

放射性物品运输方案包括：运输路线和备选线路、装卸操作、行程安排、辐射防护措施、特殊安排运输的补充措施、与其他货物一起运输、承运人资质说明等具体事项。运输现场见图7-16。

图7-16　运输现场

运输方案相关的信息需要限定在参与运输活动的各相关责任部门，主要加强保密信息的保密和保护措施。

七、安保与应急

（1）核安保

《放射性物品运输安全管理条例》第六条规定：“放射性物品运输容器的设计、制造单位应当建立健全责任制度，加强质量管理，并对所从事的放射性物品运输容器的设计、制造活动负责。放射性物品的托运人（以下简称托运人）应当制定核与辐射事故应急方案，在放射性物品运输中采取有效的辐射防护和安全保卫措施，并对放射性物品运输中的核与辐射安全负责。”

运输过程中通常采用的安保措施主要包括建立运输组织机构、制定核安保措施、做好通讯安排和突发事件应急相应安排等内容。见图7-15。

1）运输组织机构

描述核材料运输组织机构，给出组织机构图，详细说明核材料运输实物保护领导小组、运输监控中心、运输负责人、保卫负责人、押运人员、驾驶员等工作人员的数量、组成和主要职责。

2）制定放射性物品运输的核安保卫施的关键要素

核安全保卫措施应与设计基准威胁、核材料实物保护等级、放射源的风险大小等内容相适应，还应考虑货包规格和类型、运输路线、途中距离和地形、途中停留地点、运输方式、公众关注的相关问题等因素。核安全保卫措施应包括如下内容：

（a）货包密封情况、途中监视与入侵探测措施；

（b）押运人员和押运车辆配备情况；

（c）运输途中可提供支持的响应力量及其联络方式；

（d）装运前对运输工具进行严格安全检查的规定；

（e）突发事件的应对措施以及与有关部门的联络规定；

（f）在规定地点计划停留的实物保护措施；

（g）非计划停留的应对程序；

（h）过夜停留、中间贮存所采取的与实物保护级别相适应的保护措施；

（i）确保与沿途交通管理部门保持联络、提前得到路况信息的方法；

（j）参与放射性物品运输人员可靠性审查规定；

（k）参与射性物品运输人员培训规定，包括应急预案、应急程序、通讯和保密等的培训；

（l）货包遭盗抢或破坏后，将其后果降低到最小的措施。

（a）

（b）

图7-17　运输过程中的安保措施

3）通信安排

在通信安排运输过程中，放射性物品运输的托运人、承运人、收货人、运输领导小组、运输监控中心、运输队伍、运输途中应急响应力量各方之间，应配备两种或两种以上的通信手段，以保持联络畅通。应规定通信联络的保密措施，预先规定联络频度，制定与放射性物品运输队伍失去联络的应对措施,途中不许会客。

上述规定主要针对Ⅰ类放射性物品运输活动的通讯安排，其他类型的放射性物品运输的通讯安排参照Ⅰ类的执行。

4）响应力量的预先安排

放射性物品运输托运人与运输沿途响应力量之间应做好预先协调，包括正常运输路线和备用路线、中间停留的安排。应制定放射性物品运输队伍与沿途响应力量保持有效通信联络的规定，并在放射性物品启运前将这些规定通知沿途响应力量。当沿途运输涉及几个地方执法机构时，应预先做好实物保护响应力量责任接口的交接安排。对沿途可能出现的突发事件应制定放射性物品运输突发事件应急预案和紧急报告程序。

5）计划的正常运输路线和备用路线

除了放射性物品正常运输计划的路线之外，应事先确定应急情况下的备用路线。正常运输路线和备用路线的选择必须符合放射性物质和危险物品运输的法律法规要求，尽量避开岩石滑坡、洪水、森林火灾、闹市区或市内交通高峰区段。正常运输路线和备用路线之间应便于转换。

6）信息保密和保护

应说明已制定的保密规章制度，凡涉及放射性物品运输的文件和资料应实施分级保护，保密资料应由专人管理，确保安全。放射性物品运输的下列信息应予以保密：

（a）放射性物品运输实物保护方案及其审查评估报告，放射性物品发运时间、地点、路线和运输日程安排；

（b）车辆锁定装置、入侵报警和监视装置；

（c）计划和非计划的停车地点，以及地方响应力量的安排和能力；

（d）通信系统和通信联络的方式，无线电话通信限制的细节；

（e）突发事件应急预案，包括响应力量的规模、部署、响应时间和武器装备信息；

（f）保密信息的传递规定；

（g）其他需要保密的信息。

7）警卫或专职保卫人员

放射性物品的运输需要配备押运人员，押运人员的数量、是否由武装警卫或者专职保卫人员担任，依据运输的放射性物品类型和放射性风险水平。

对于核材料运输而言，Ⅰ级核材料必须实施武装押运，配备押运的武装警卫数量及其装备应根据设计基准威胁来确定，一般不得少于四名。押运的武装警卫必须有适当的装备，经过训练和核材料运输安全保卫知识的培训，对运输中（特别是中途停留期间）的核材料实施连续有效的监视，并按照规定的时间检查锁和封记的完整性，确保所运核材料不被非法转移和破坏。Ⅱ级核材料配备武装警卫或专职人员的数量及其装备应根据设计基准威胁来确定，一般不得少于三名。Ⅲ级核材料配备押运的专职保卫人员，其具体数量应根据设计基准威胁来确定，但一般不得少于两名。

（2）核与辐射事故应急安排

放射性物品运输，必须按照放射性物品运输法规标准体系的要求，制定核与辐射事故应急预案。放射性物品运输的核与辐射事故应急预案，是指针对放射性物品运输中可能发生的核与辐射事故，预先制定相应的应急计划。考虑到放射性物品运输中可能发生的各种突发事故，当涉及到核与辐射事故时，必须立即采取措施，把事故的影响和损失控制在最小范围内。

《国家核应急预案》（2013）在“2组织体系”中明确规定：“……国家核应急协调委设立专家委员会，由核工程与核技术、核安全、辐射监测、辐射防护、环境保护、交通运输、医学、气象学、海洋学、应急管理和公共宣传等方面专家组成，为国家核应急工作重大决策和重要规划以及核事故应对工作提供咨询和建议”。

1）核与辐射应急的组织机构和职责分工

当放射性物品运输事故发生时，政府相关部门、托运人、承运人及工作人员有责任采取措施以降低事故后果。针对大多数运输事故，响应行动包括拯救生命、医学救助、抑制与控制火灾以及与任何事故相关的正常公共安全工作。另外，还应考虑召集受过有关处理放射性物品训练的专门组织，进行事故评估，实施用于抑制、控制或减少任何放射危害的防护措施。在操作进程中各个组织负责和参与的程度可能有不同。

① 县级以上人民政府组织

县级以上人民政府组织编制的突发环境事件应急预案，应当包括放射性物品运输中可能发生的核与辐射事故应急响应的内容。在制定放射性物品运输事故政府响应计划与程序时，相关政府机构应做到：

（a）建立辐射防护服务；

（b）确定放射性物品运输事故发生时要通知的部门，并建立通信和通知系统；

（c）确定并定期评审与检验计划的适用性，以及经过培训的人员与设备的充分性；

（d）规定计划的定期评审和更新；

（e）在适当情况下，与相关国家的有关部门就后果可能超越国家边界的事故建立联络；

（f）确定有关放射性物品运输的公众信息和教育的职责；

（g）建立（或确保建立）适当的培训大纲；

（h）根据情况，提供实施计划的资源。

② 省和地方政府

省和地方政府应该制定自己的应急响应计划与程序。在地方层面上，计划至少应包含建立识别放射性物品货包的能力，熟悉基本预防知识并了解提供进一步援助的人员。计划应包括自身组织的运行与资源配置。这些计划的制定应在地方、省和国家层面的政府之间进行协调。必要时，任何计划的预期措施应由核对清单加以补充。

接到报告的当地环境保护主管部门应当立即派人赶赴现场，进行现场调查，采取有效措施控制事故影响，并及时向本级人民政府报告，通报同级公安、卫生、交通运输等有关主管部门。接到放射性物品运输事故报告的县级以上人民政府及其有关主管部门应当按照应急预案做好应急工作，并按照国家突发事件分级报告的规定及时上报核与辐射事故信息。

③ 托运人和承运人

托运人对放射性物品运输的核与辐射安全承担全面责任，承运人也对运输期间的安全和运输事故的合理响应负有直接责任。通常，承运人和托运人都应为事故响应做准备并向应急响应人员提供适当的技术援助。

放射性物品的托运人应当制定核与辐射事故应急方案，在放射性物品运输中采取有效的辐射防护和安全保卫措施，并对放射性物品运输中的核与辐射安全负责。确保有恰当安排以有效应对放射性物品运输事故。这些安排包括为提供装运信息、了解如何应对此类事故、当被请求或要求时向事故现场提供应急和（或）技术援助作准备。

托运放射性物品的，托运人应当配备必要的辐射监测设备、防护用品和防盗、防破坏设备，并编制运输说明书、核与辐射事故应急响应指南、装卸作业方法、安全防护指南。运输说明书应当包括放射性物品的品名、数量、物理化学形态、危害风险等内容。

托运人和承运人应当对直接从事放射性物品运输的工作人员进行运输安全和应急响应知识的培训，并进行考核；考核不合格的，不得从事相关工作。

放射性物品运输中发生核与辐射事故时，承运人、托运人应当按照核与辐射事故应急响应指南的要求，做好事故应急工作，并立即报告事故发生地的县级以上人民政府环境保护主管部门。核反应堆乏燃料运输的核事故应急准备与响应，还应当遵守国家核应急的有关规定。

2）核与辐射事故监测

任何事故的响应行动可以分成三个阶段：初始阶段、事故控制阶段和应急后阶段。在事故响应行动的每一阶段，事故监测的侧重点有所不同。放射性物品运输的事故响应行动也不例外，大致也按照三个阶段进行管理。

放射性物品的运输方式包括陆地运输（公路和铁路运输）、内陆水上运输、海上运输和空中运输，下面以放射性物品的公路运输事故响应过程中涉及到的事故监测方法和仪器配置为例进行说明。

① 初始阶段

承运人和托运人负责一些初始应急措施。他们应在第一时间通知当地和其他规定的部门。当地应急行政管理部门抵达事故现场时，应承担责任并应恰当地响应事故，担任初始的指挥和管理职责。地方政府应急响应计划应规定合理的初始步骤，严重事故情况下应向托运人和承运人以及省与国家部门寻求支援。而这些组织和部门可以使用专家意见和资源。应急计划中应详细说明这种使用的安排。

事故后的第一时间，首先到达现场的当地初始响应人员所采取的应急措施主要应为：

（a）拯救生命；

（b）照顾受伤人员；

（c）隔离场所；

（d）预防火灾或扑灭火灾；

（e）识别危害；

（f）确定预防人员生命遭受更大威胁所必要的措施；

（g）召集适当的专家支援。

事故响应行动的初始阶段，应急人员应当采取辐射监测措施以及其他有效措施，对事故发生区域进行隔离，划定限制进入区域和安全检查点等相应区域。区域划分示例参见图7-18。

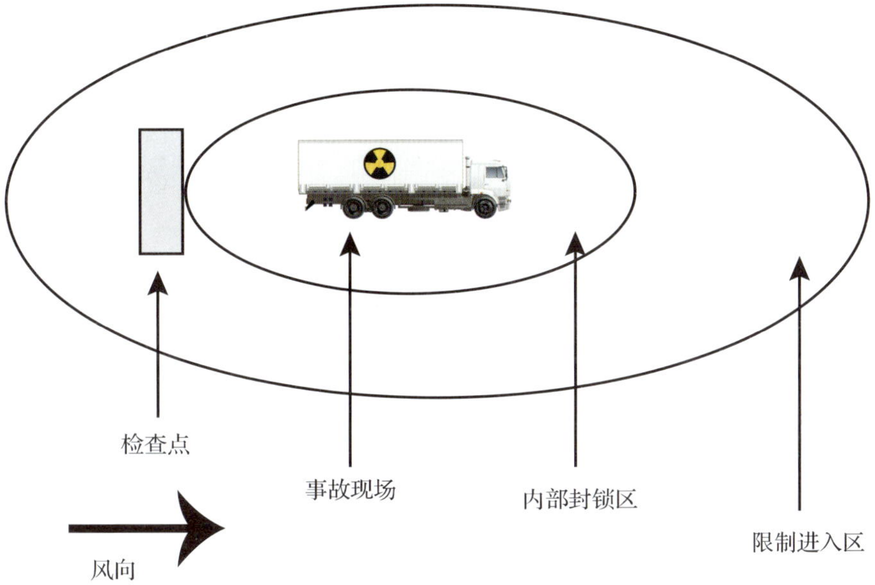

图7-18 放射性物品公路运输事故现场隔离示意图

图7-18中，限制进入区（外部警戒区）是禁止公众靠近的区域；内部封锁区（内部警戒区），该区域的γ辐射水平很可能会超过100μSv/h，或者其他预先确定的撤离距离以内的封锁区域，一般只允许公安、消防队员、救护服务和其他有资质的工作人员进入；检查点和去污点采取逆风设置方式，用来提供一个辐射控制站，检查可能存在的放射性污染，

拯救生命/急救/消防措施或其他许可的工作人员仅允许通过检查点/去污点出入内部封锁区；如果人或动物有任何污染，应安排去污；如果设备、车辆或其他物项受放射性物质污染，应去污或包扎或适当裹起。

事故应急现场的公安人员或其他应急工作人员应记录事故现场或现场各区域内的公众成员。如果后来发现受到污染，那么应该联系离开现场的公众并安排他们进行辐射监测。如果不能确切知道多少人或车辆经过污染区，应通过当地新闻媒体通知公众有关事故情况。

② 事故控制阶段

负责事故控制阶段的人员（被称为“紧急事件指挥员”）应利用从初始阶段所采取的行动中获得的基本信息，来确定事故控制阶段需采取的行动。辐射防护组作为应急计划进程的一个重要组成，能够并被授权执行必要的辐射监测、危害评价和提供适当的建议。

辐射防护组是经过严格培训和考核的辐射防护专业领域的专家团队，配置有适当的辐射监测仪器。辐射防护组按照预先制定的应急计划，对事故现场及其划定的区域，实施辐射监测，核实事故现场的辐射水平和地表、货包和车辆表面的污染水平、运输人员及其初始阶段应急人员的辐射剂量情况等。辐射防护组还应该考虑进行人员监测和去污，帮助负责与当地居民和新闻媒体进行沟通的人员。

应该根据事故形势的评估，决定对货包必须实施和有必要采取进一步补救行动。如果涉及易裂变材料，为确保临界安全，应做出诸如保持各组货包之间适当的间距等特殊考虑并加以实施。若运输事故中放射性物品泄漏，必然决定撤离一定范围内的人员，此决定和后续行动应由当地主管部门根据专家意见做出。正常情况下，涉及其他危险物质的运输事故，这些相同部门也会做出类似撤离的决定。

③ 应急后阶段

经过辐射防护组以及其他应急响应行动人员的共同努力，如果已经确认事故区域内不存在进一步危害，并且所有必要的防护措施已经执行或者正在执行，事故应急组织的当地主管行政部门就可以宣布应急终止。

地方、省和国家部门确保已经采取了安全合理的方式完成去污和修复工作，车辆、建筑物、地区和设备确保已经完成辐射监测，并且宣布可以安全使用或恢复使用。

由于放射性物品运输事故引起污染，对农业土地、农产品的控制与分配、或饮用水不用必须实施主要的防护措施。虽然事故可能会影响这些产品，但是任何污染物可能被集中在一个具体地点。在这些情况下，或许不得不按照控制条件没收和处置农产品。如果饮用水供应被弥散放射性物品污染，那么应对污染物进行检验，并且控制水源供应是必要的。如果事故发生在一条排水沟或者水面一座桥上，若怀疑有放射性物品泄漏，应对水进行监测。

八、辐射监测规定

辐射监测是指辐射照射监测或者辐射防护监测，通常是为了评价和控制辐射照射所做的测量和对测量结果的解释。辐射监测是辐射防护的重要组成部分。辐射监测包括监测的设计（计划的制订）、测量（分析）技术的应用（测量过程），以及测量结果的解释三个环节。

放射性物品运输辐射监测通常包含启运前监测、运输过程监测、接收监测、个人剂量监测以及事故监测。

启运前监测是指托运人或其委托的有资质的单位在放射性物品运输前对货包及运输车辆进行的辐射监测，主要包括货包及运输车辆的表面剂量率、1 m处的剂量率以及表面污染水平等。启运前监测的目的是：

（1）验证货包及运输车辆的辐射水平和放射性污染水平是否满足运输要求；

（2）验证货包及运输车辆的运输指数是否满足运输要求；

（3）及时发现货包及运输车辆装载过程中可能导致的破损或屏蔽减弱等异常事件。

运输过程监测是指托运人或承运人在运输过程中（包括临时停放场地）对货包及运输车辆进行的辐射监测，主要包括货包及运输车辆的表面剂量率、1 m处的剂量率以及表面污染水平等。运输过程监测的目的是：

（1）验证货包及运输车辆的辐射水平和放射性污染水平在运输过程中是否发生变化；

（2）及时发现运输过程中可能导致的破损或屏蔽减弱等异常事件。

接收监测是指接收人或托运人在接收地对货包及运输车辆进行的辐射监测，主要包括货包及运输车辆的表面剂量率、1 m处的剂量率以及表面污染水平等。接收监测的目的是：

（1）验证货包及运输车辆的辐射水平和放射性污染水平与启运前相比是否发生变化；

（2）及时发现运输和卸载过程中可能导致货包破损或屏蔽减弱等异常事件。

个人剂量监测是指托运人和承运人利用个人佩带仪器或者其他测量设备，对直接从事放射性物品运输的工作人员受到的辐射照射进行的监测。个人剂量监测的目的：

（1）控制或评价直接从事放射性物品运输的工作人员的辐射照射剂量，使其满足运输活动的剂量限值和剂量约束值；

（2）托运人和承运人可以准确掌握每个直接从事放射性物品运输的工作人员的辐照情况和健康状况，从而合理安排工作内容，避免过量的职业照射；

（3）为了满足放射性物品运输相关法规标准建立个人剂量档案的相关要求。

事故监测是指包含装卸在内的整个放射性物品运输过程中异常事件或事故情况下进行的辐射监测，主要包括事故源项监测和应急监测。事故监测的目的是：

（1）为制定事故处理方案提供技术支持；

（2）为制定应急防护行动决策提供技术支持；

（3）为事故分级提供基础数据；

（4）为验证应急防护行动的有效性提供技术支持；

（5）为验证事故后果评价提供基础数据。

省级环境保护主管部门对放射性物品运输进行监督性监测，以确保放射性物品运输安全。

《放射性物品运输安全管理条例》（国务院第562号令，以下简称我国运输条例）第二十九条规定：“托运放射性物品的，托运人应当持有生产、销售、使用或者处置放射性物品的有效证明，使用与所托运的放射性物品类别相适应的运输容器进行包装，配备必要的辐射监测设备、防护用品和防盗、防破坏设备，并编制运输说明书、核与辐射事故应急响应指南、装卸作业方法、安全防护指南。”

放射性物品运输货包类型的不同，以及辐射监测类型不同，通常运输活动配置的辐射监测仪器也会有所不同。放射性物品运输活动需要配备的辐射监测设备的具体名目，需要结合辐射监测目的，来选择适当的监测仪器，表4给出了辐射监测仪器选择的示例。

事故监测是在事故发生时根据监测目的而设定的安全管理措施之一，但是由于事故发生概率很低，监测系统的成本较高，因此一般情况下，事故监测应当尽可能地利用常规监测系统而不再另外设置新的监测设备，只有在十分必要时才根据实际监测需要配备专门的监测设备，例如在乏燃料运输过程中除了常规的辐射水平监测仪器、表面污染监测设备之外，必须准备专门用于测量中子的中子辐射水平监测仪器。这种安排不仅可以节约大量开支，更重要的是可以保证运输活动配置的监测系统能够经常处于使用和维护的状态，防止长期闲置导致仪器仪表失常失效等现象。

GB 11806—2004规定，放射性物品运输的辐射监测包括对货包以及运输车辆的表面污染和辐射水平进行监测。一般情况下，监测需要考虑的项目有：

（1）货包的表面污染；

（2）货包或外包装外表面上任一点的辐射水平；

（3）距货包外表面1 m处的任一点的辐射水平；

表7-6 放射性物品运输辐射监测仪器选择的示例

<table>
<tr><th colspan="2">放射性物品类型和货包（包件）属性</th><th>辐射监测仪器基本要求（推荐）</th></tr>
<tr><td rowspan="2">Ⅰ类放射性物品</td><td>易裂变的；BF型货包（放射性活度＞A_1或A_2值的物品[2]）；CF型货包；HF（≥0.1 kg的UF_6货包）；X（特殊安排运输）；AF型货包（放射性活度≤A_1或A_2值的物品）；IF 货包（易裂变的LSA-Ⅱ、LSA-Ⅲ或者SCO-Ⅰ或SCO-Ⅱ放射性物品）</td><td>1. 便携式γ剂量率仪（或多功能辐射监测仪等）；
2. 个人剂量仪、热释光个人剂量计、个人报警电子剂量仪、γ和中子个人剂量仪；
3. 便携式中子剂量率仪；
4. 便携式α/β 表面污染测量仪（α 粒子连续空气监测器或移动滤纸式β气溶胶监测仪，如需要）</td></tr>
<tr><td>非易裂变的或例外易裂变的；B型、C 型货包（放射性活度＞A_1 或A_2 值的物品[2]，I类放射源，B(U)或B(M)）；H(U)和H(M)（例外易裂变的UF_6货包）；T（特殊安排运输）</td><td>1. 便携式γ剂量率仪（或多功能辐射监测仪等）；
2. 个人剂量仪、热释光个人剂量计、个人报警电子剂量仪；
3. 便携式α/β 表面污染测量仪（α 粒子连续空气监测器或移动滤纸式β气溶胶监测仪，如需要）</td></tr>
<tr><td rowspan="2">Ⅱ类放射性物品</td><td>非特殊形式的非易裂变的或例外易裂变的；A型货包（放射性活度≤A_2的物品）；工业Ⅲ型货包（LSA-Ⅲ，非独家使用；LSA-Ⅱ，液体非独家使用）；Ⅱ类、Ⅲ类放射源；</td><td rowspan="2">1. 便携式γ剂量率仪（或多功能辐射监测仪等）；
2. 个人剂量仪、热释光个人剂量计；
3. 便携式α/β 表面污染测量仪</td></tr>
<tr><td>特殊形式的非易裂变的或例外易裂变的；A 型货包（放射性活度≤A_1 的物品[3]）</td></tr>
<tr><td>Ⅲ类放射性物品</td><td>例外货包（有限量的放射性物品[4]；含有放射性物质的仪器或制品；天然铀或贫化铀或天然钍的制品；运输放射性物品的空包装）；工业Ⅱ型货包；工业Ⅰ型货包；Ⅳ类、Ⅴ类放射源</td><td>1. 便携式γ剂量率仪（或多功能辐射监测仪等）；
2. 个人剂量仪、热释光个人剂量计；
3. 便携式α/β 表面污染测量仪</td></tr>
</table>

（4）非独家使用方式运输的货物在距运输工具外表面2 m处的辐射水平；

（5）按独家使用方式运输的货物，运输车辆外表面（上、下表面）上任一点的辐射水平，或者就敞式车辆而言，在车辆外缘延伸的铅直平面上、装运物的上表面上以及车辆下部外表面上的任一点的辐射水平；距由车辆外侧面延伸的铅直平面2 m处的任一点的辐射水平，或者就敞式车辆而言，在距由车辆外缘延伸的铅直平面2 m处的任一点的辐射水平。

九、质量保证

《放射性物品运输安全管理条例》（国务院令第562号）第八条规定："放射性物品运输容器设计单位应当建立健全和有效实施质量保证体系，按照国家放射性物品运输安全标准进行设计，并通过试验验证或者分析论证等方式，对设计的放射性物品运输容器的安全性能进行评价。"第二十五条规定："放射性物品运输容器使用单位应当对其使用的放射性物品运输容器定期进行保养和维护，并建立保养和维护档案；放射性物品运输容器达到设计使用年限，或者发现放射性物品运输容器存在安全隐患的，应当停止使用，进行处理。Ⅰ类放射性物品运输容器使用单位还应当对其使用的Ⅰ类放射性物品运输容器每两年进行一次安全性能评价，并将评价结果报国务院核安全监管部门备案。"

GB 11806—2004中明确规定："应为各种特殊形式放射性物质、低弥散放射性物质和货包的设计、制造、试验、文件编制、使用、维护和检查以及为运输作业和中途贮存作业制定质量保证大纲并有效实施，以保证其符合本标准的相关要求……。"其中明确了需要制定质量保证大纲的对象，主要包括：① 各种特殊形式放射性物质、低弥散放射性物质和货包的设计、制造、试验、文件编制、使用、维护和检查；② 运输作业和中途贮存作业。

（1）质量保证大纲的制定主体

质量保证大纲的制定，必须按照《放射性物品运输安全管理条例》（GB 11806—2004）《放射性物质运输包装质量保证（GB 15219—1994）》等法规标准的相关要求，由责任单位制定总的质量保证大纲。

各种特殊形式放射性物质、低弥散放射性物质和货包的设计、制造、试验、文件编制、使用、维护和检查等相应环节的质量保证大纲应当由承担相应工作的法人单位负责制定。

运输作业和中途贮存作业等放射性物品运输的实践活动的质量保证大纲，应当由托运人负责制定质量保证大纲。

（2）制定质量保证大纲的目的

参与放射性物质运输的组织或单位制定质量保证大纲，对运输安全的所有环节预先规定管理和监督的系统性大纲，以保证运输实践活动中达到国家法规标准所规定的安全要求，并提供充分的可信度。

质量保证大纲的制定，也能促进和加强放射性物品运输安全管理措施的有效实施，同时主管部门也可以通过质量保证大纲的检查核实设计规范已完全得以实施。借助质量保证大纲，制造者、托运人和使用者也便于向主管部门证实：所有制造方法和材料均符合已批准的设计规范；所有包装均定期予以检查，并在必要时加以修理和维护，以保持良好状态，使其即使在重复使用之后仍能符合所有的相关要求和规范。

（3）货包的设计、制造、试验、文件编制、使用、维护和检查的质量保证大纲货包的责任单位必须制定总的质量保证大纲，对与放射性物品运输的货包的设计、采购、制造、试验、使用和维修等工作的控制做出规定。

参与货包相关的活动的单位必须按照总质量保证大纲的要求，制定各自的质量保证大纲，并保证按工作进度有效地执行质量保证大纲。

所有的质量保证大纲必须对影响放射性物质运输货包质量的各项活动编制有计划、系统的质量保证大纲的执行程序，并定期对程序进行审查和修订。

质量保证大纲必须规定要进行的各种活动的技术方面的要求，明确应使用的工程规范、标准和技术规格书，以及保证满足这些要求的措施。

质量保证大纲必须确定负责计划和执行质量保证活动的组织结构，并明确规定有关组织和人员的责任和权力。

质量保证大纲必须根据放射性内容物的危害性对放射性物品的货包规定适当的管理和验证方法或等级。根据物项对安全的重要性，在大纲内必须相应地制定出对这些物项影响质量的活动管理和验证规定。

质量保证大纲必须为完成影响质量的活动规定合适的控制条件，这些条件应包括为达到要求的质量所需要的适当的环境条件、设备和技能等。

质量保证大纲必须规定对从事影响质量的活动的人员进行培训和考核。

质量保证大纲必须规定凡影响货包质量的活动都必须按适用于该活动的书面程序、细则、说明书和图纸来完成。程序、细则、说明书和图纸必须包括适当的定性（量）的验收标准。

质量保证大纲必须规定参与实施大纲的管理部门要对其负责的那部分大纲的执行状况和适用性进行定期审查。当发现大纲有问题时，必须采取纠正措施。

《放射性物质安全运输规程》（GB 11806）的目标是通过有效的质量保证和遵章保证的实施，来保证放射性物品运输过程中公众和工作人员的安全。

（4）运输作业和中途贮存作业的质量保证大纲

放射性物品安全运输作业和中途贮存作业涉及多个单位，如托运人、承运人、运输容器设计单位和制造单位等，因此要根据各个参运单位承担的任务，编制相应的质量保证大纲。托运人、承运人、监管机构等不同部门之间，应考虑各部门组织机构和职责，明确其职责、相互间的接口关系，以保证在工作上部门之间的分工明确、接口清晰。

所有这些参运单位制定的大纲都需要具有的基本质量保证和控制的关键环节包括：质量保证组织机构；放射性物品运输人员的培训规程；放射性物品装卸工艺规程；放射性物品运输安全检查和安全保卫实施规程；放射性物品运输的交接规程；放射性物品运输通信联络实施规程；放射性物品运输辐射监测规程；放射性物品运输中途贮存作业的管理规程、放射性物品运输事件和事故处理规程和报告制度以及放射性物品运输文件资料管理规程等。

要建立质量保证大纲管理的记录制度，应对各种记录的鉴别、收集、检索、立卷、存放、保管和处理做出规定。全部记录均应是字迹清楚、完整并易于同所涉及的放射性物品运输的活动和物项相一致。记录的存放应便于查找并应保存在适宜的环境中，保持记录完整。

根据参加放射性物品运输各类工作人员的任务和职责制订培训计划，运输活动的责任主体分别按规定的培训内容，进行严格培训，使每个参加运输人员都能明白自己的责任，应该干什么和怎样干。参加运输人员共同的培训内容主要包括：放射性物品运输的重要性和特殊性知识，放射性物品运输的安全与防护知识，运输途中发生紧急情况的应急措施，辐射防护、质量保证及保密等知识，以及放射性物品运输时的注意事项等。针对参加运输人员各岗位培训内容主要包括：岗位责任制，与本岗位相关的法规、标准和规章制度，相应的技术、操作程序和规程以及有关安全须知等培训。

（5）运输容器定期保养和维护

放射性物品运输容器使用单位应当对其使用的放射性物品运输容器定期进行保养和维护，并建立保养和维护档案。为保证运输容器在整个寿期内的正常使用要求，根据运输容器的设计技术条件和设计安全分析报告中的要求，必须按照规定的程序进行对运输容器定期进行保养和维护。

运输容器保养和维护的内容包括运输容器使用前的检查、定期的安全检查、易损件的维护和更换等活动，如容器外观目视检查、减震器外观目视检查、吊耳的外观检查、泄露试验、密封圈的更换等。同时还应当对运输容器的保养和维护过程及结果进行记录并存档保存，以便于后续检查和维修活动的跟踪。对于在保养和维护过程中发生的问题，如焊缝出现裂纹、表面凹坑、表面锈蚀等，应进行专项维修，并对维修措施和维修结果进行记录。

在设计寿期内，运输容器还可能存在由于使用不当导致材料性能加剧劣化，或者在使用过程中发现了设计或制造缺陷，或者同类运输容器使用经验反馈所昭示的一些潜在危险。这些安全隐患有可能导致严重的辐射事故，因此，一旦发现此类情况，及时运输容器没有达到设计年限，也必须立即停止使用，进行维修和维护等处理。经过处理后仍不能达到使用要求的，不得继续使用，应将运输容器进行退役处理。当运输容器达到设计年限时，应当按照要求停止使用，如果需要继续使用则应当对运输容器的材料劣化程度等进行评价，评价合格后方可在申请延长的期限内继续使用。

（6）运输容器的定期安全性能评价

Ⅰ类放射性物品运输容器使用单位还应当对其使用的Ⅰ类放射性物品运输容器每两年进行一次安全性能评价。放射性物品运输容器定期安全性能评价是通过对在用放射性物品运输容器的定期检查、维修和试验等方面活动的总结，全面评价运输容器目前的状态是否仍然满足设计规定的安全性能要求，保证运输容器在整个使用过程中的相关性能依然能够满足规定的使用要求，以确保放射性物品运输容器（在用容器）的使用安全。运输容器定期检查和试验应编制相应的报告，报告至少应包括定期检查和试验的项目、方法、程序、验收准则和结论等方面的内容。定期安全性能评价的主要内容包括：运输容器信息（包括运输容器运行历史、运输容器的检查和维修，以及运输容器的现状等）、运输容器的定期检查和试验（包括结构方面、包容方面、热方面、屏蔽方面、临界方面等）、定期安全性能评价（包括满足设计批准证书许可限制条件的评价、结构评价、包容评价、热评价、屏蔽评价、临界评价等），并给出放射性物品运输容器能否继续使用的结论。定期安全性能评价的方法有：目视检查、尺寸检查和无损检验，以及必要的试验，如压力试验、吊耳的载荷试验、泄露试验、屏蔽试验和热试验等。必须按现行法规和标准开展运输容器的使用和维护。

十、信息保密和保护

凡涉及放射性物品运输的文件和资料应实施分级保护，保密资料应由专人管理，确保安全。放射性物品运输的下列信息应予以保密：

（1）放射性物品运输实物保护方案及其审查评估报告，核材料发运时间、地点、路线和运输日程安排；

（2）车辆锁定装置、入侵报警和监视装置；

（3）计划和非计划的停车地点，以及地方响应力量的安排和能力；

（4）通信系统和通信联络的方式，无线电话通信限制的细节；

（5）突发事件应急预案，包括响应力量的规模、部署、响应时间和武器装备信息；

（6）保密信息的传递规定；

（7）其他需要保密的信息。